# 电力储能安全蓝皮书

全国电力储能标准化技术委员会
中国电力科学研究院有限公司　组编

**图书在版编目（CIP）数据**

电力储能安全蓝皮书 / 全国电力储能标准化技术委员会，中国电力科学研究院有限公司组编．—北京：中国电力出版社，2021.10

ISBN 978-7-5198-5998-5

Ⅰ. ①电… Ⅱ. ①全… ②中… Ⅲ. ①电力系统－储能－安全管理－研究报告－中国 Ⅳ. ① TM7

中国版本图书馆 CIP 数据核字（2021）第 187643 号

---

出版发行：中国电力出版社
地　　址：北京市东城区北京站西街 19 号（邮政编码 100005）
网　　址：http：//www.cepp.sgcc.com.cn
责任编辑：王　南（010-63412876）
责任校对：黄　蓓
装帧设计：郝晓燕
责任印制：石　雷

---

印　　刷：三河市万龙印装有限公司
版　　次：2021 年 10 月第一版
印　　次：2021 年 10 月北京第一次印刷
开　　本：710 毫米 ×1000 毫米　16 开本
印　　张：5.75
字　　数：88 千字
印　　数：0001—2000 册
定　　价：40.00 元

---

# 编 委 会

主　　编　汪　毅　刘超群

参　　编（按姓氏笔画排序）

王晓丽　尹雪芹　付金健　伊程毅　刘爱华

刘家亮　汤曼丽　许守平　麦向优　肖国峰

汪　翔　汪东林　宋欣民　张　宏　张　楠

陈　雷　陈　豪　陈海生　周　杨　周　钰

周　敏　胡　娟　段强领　徐中亚　高　飞

唐　玲　黄　昊　黄剑眉　崔庆芳　董海滨

惠　东　谭建国　戴兴建　魏志立

# 编写单位

主编单位：中国电力企业联合会标准化管理中心
全国电力储能标准化技术委员会

参编单位：中国电力科学研究院有限公司
中国能源建设集团广东省电力设计研究院有限公司
宁德时代新能源科技股份有限公司
浙江南都电源动力股份有限公司
大连融科储能技术发展有限公司
中国科学院工程热物理研究所
杭州科工电子科技有限公司
广州智光储能科技有限公司
阳光电源股份有限公司
应急管理部天津消防研究所
应急管理部上海消防研究所
清华大学
中国科学技术大学
国联汽车动力电池研究院有限责任公司
比亚迪汽车工业有限公司
国网江苏省电力有限公司镇江供电分公司
国网冀北电力有限公司电力科学研究院

# 前 言

党和国家高度重视电力安全生产工作，为深入贯彻习近平总书记关于安全生产重要指示精神，国家能源局印发了《电力行业安全生产集中整治工作方案》，要求建立健全电力安全生产风险隐患和突出问题自查自纠长效机制，严防各类电力事故发生，确保电力行业安全生产形势持续稳定，为经济社会发展提供良好电力保障。

能源与电力是经济社会发展的基石，为推动能源转型，构建清洁低碳高效安全的能源体系，近年来电力储能获得广泛应用。为了更好地指引储能技术标准化工作的方向，国家能源局等多部委联合编制并印发了《关于加强储能技术标准化工作的实施方案》（国能综通科技〔2020〕3 号）。

近年来，随着储能技术不断成熟，电力储能已在电力系统发、输、配、用不同环节实现了多场景的规模化应用。特别是“碳达峰、碳中和”背景下，储能在电力系统变革中将发挥更重要的作用。储能系统是高密度能量聚集体，其安全问题不容忽视，始终受到广泛关注。中国电力企业联合会依托全国电力储能标准化技术委员会，组织国内电力储能领域相关单位，研究分析电力储能面临的安全风险，梳理储能标准化现状，提出下一步工作的意见和建议，以蓝皮书的形式，面向社会和行业公开发布，以期促进我国电力储能健康有序地发展。

本书主要涉及内容：第 1 章介绍了电力储能的应用模式、电力储能安全涉及的范围和电力储能安全标准化工作的意义；第 2 章介绍了国内外电力储能安全状况；第 3 章介绍了国际 IEC 组织和其他标准化组织在储能安全标准化方面的工作，以及我国电力储能安全标准化的情况；第 4 章至第 8 章分别介绍了目前在储能电站设计、储能设备、储能电站施工及验收、储能电站运行维护、储能设备检修等方面存在的安全风险和标准现状，并提出下一步标准工作建议；第 9 章介绍了我国电力储能标准体系现状，包括已有的国家标准、行业标准和中国电力企业联合会标准，根据电力储能标准体系构建原则，提出了近期拟制订的标准计划项目以及下一步工作建议。

本书将为储能部件厂家（电池、电池管理系统、储能变流器等）、系统集成单位、设计单位、电站、储能用户、第三方检测单位、地方应急管理部门等与电力储能相关的企事业单位在应对、处理电力储能安全问题时提供参考帮助，同时还能为电力储能产品设计生产、科研技术开发、检测认证、电站运行管理、防火消防等方面的决策者提供依据。

由于储能产业及技术处于快速发展阶段，涉及范围广、技术路线多，很多标准还在制修订过程中，本书难免存在纰漏和不足之处，恳请读者批评指正。

编　者

2021 年 8 月

# 目 录

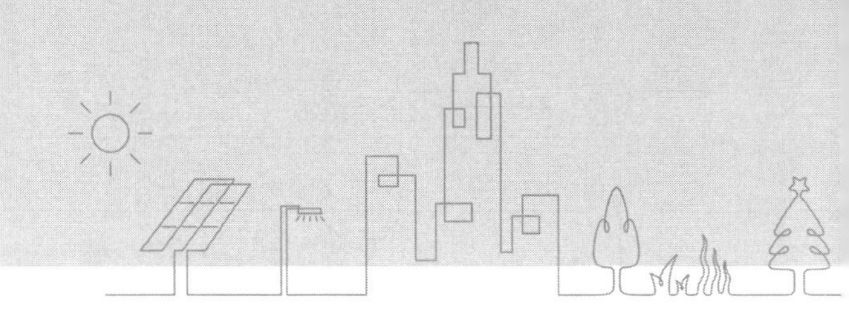

# 1 概述

## 1.1 储能技术概述

国家发展和改革委员会、国家能源局在《能源生产和消费革命战略（2016 ~ 2030）》中指出世界能源供需格局发生重大变化，能源技术创新进入活跃期。能源新技术与现代信息、材料和先进制造技术深度融合，大规模储能、氢燃料电池等技术有望突破，能源利用新模式、新业态、新产品日益丰富，将带来人类生产生活方式深刻变化。

未来，储能是提升电力系统灵活性、经济性和安全性，解决新能源消纳的重要手段，也是促进能源生产消费开放共享、灵活交易，实现多能协同的核心要素。世界主要国家重点布局，均将储能作为战略性技术开展研究。

电力储能形式多种多样，按照技术类别大致可以分为物理储能（压缩空气储能、飞轮储能等）、电化学储能 [ 锂离子电池、铅酸 ( 炭 ) 电池、液流电池、钠硫电池、氢储能[❶] 等 ]、电磁储能（超导、超级电容等）、储热（显热储热、潜热储热等）等。

储能系统的技术指标主要包括储能系统寿命（日历寿命、循环寿命）、能量转换效率、系统响应速度、安全性能、功率密度、能量密度等，不同应用模式的储能系统技术指标不同，其适用的应用场合也不同，表 1–1 列举了现阶段各类型储能技术的性能参数及部分典型工程。

❶ 本书中的氢储能，是指电、氢两种能量载体之间的高效转化、大规模存储和综合高效利用等关键技术。

表 1-1 各类型储能技术的性能参数及部分典型工程

| 类型 | 技术类型 | 实际工程功率等级 | 效率(%) | 自放电率 | 响应时间 | 服役年限或充放次数 | 功率密度(W/kg) | 能量密度（W·h/kg） | 代表工程 |
|---|---|---|---|---|---|---|---|---|---|
| 物理储能 | 先进绝热压缩空气储能 | 十兆瓦级 | 40 ~ 65 | 1%/ 月 | 分钟级 | 30 ~ 50 年 | — | 3 ~ 6W·h/L | 江苏常州60MW 压缩空气储能项目 |
| | 液化压缩空气储能 | 十兆瓦级 | 40 ~ 50 | 1%/ 月 | 分钟级 | 30 ~ 50 年 | — | 60 ~ 120W·h/L | 美国佛蒙特州50MW 液态空气储能 |
| | 飞轮储能 | 兆瓦级 | ＞85 | 100%/ 月 | 分钟级 | 20 ~ 25 年 | 1 ~ 2 | 5 ~ 7 | 北京地铁房山线 1MW 飞轮储能 |
| 电化学储能 | 磷酸铁锂电池 | 百兆瓦级 | 85 ~ 90 | 1.5% ~ 2%/ 月 | 毫秒级 | 6000 ~ 10000 次 | 200 ~ 300 | 150 ~ 250 | 江苏镇江101MW 储能电站 |
| | 三元锂电池 | 百兆瓦级 | 85 ~ 90 | 1.5% ~ 2%/ 月 | 毫秒级 | 3000 ~ 5000 次 | 250 ~ 350 | 200 ~ 300 | 南澳特斯拉100MW 储能电站 |
| | 钛酸锂电池 | 十兆瓦级 | 85 ~ 90 | 1%/ 月 | 毫秒级 | 15000 ~ 30000 次 | 700 ~ 1200 | 70 ~ 80 | 新疆融创诚哈密 56MW 储能电站（在建） |
| | 钠硫电池 | 百兆瓦级 | 80 ~ 90 | 0 | 毫秒级 | 4000 ~ 6000 次 | 15 ~ 20 | 90 ~ 120 | 阿布扎比108MW 储能工程 |
| | 全钒液流电池 | 百兆瓦级 | 70 ~ 75 | 接近 0 | 毫秒级 | 10000 ~ 15000 次 | 10 ~ 30 | 15 ~ 20 | 大连融科200MW 液流储能电站（在建） |

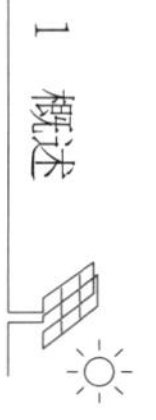

续表

| 类型 | 技术类型 | 实际工程功率等级 | 效率(%) | 自放电率 | 响应时间 | 服役年限或充放次数 | 功率密度(W/kg) | 能量密度(W·h/kg) | 代表工程 |
|---|---|---|---|---|---|---|---|---|---|
| 电化学储能 | 铅酸(炭)电池 | 十兆瓦级 | 70 ~ 80 | 1%/月 | 毫秒级 | 2000 ~ 4000次 | 10 ~ 30 | 30 ~ 40 | 无锡新加坡工业园区20MW储能电站 |
| | 氢储能 | 兆瓦－百兆瓦级 | 30 ~ 40 | — | 分钟级 | 12 ~ 20年 | 燃料电池电堆500 ~ 2500 | — | 安徽省六安市1MW分布式氢能综合利用电站 |
| 电磁储能 | 超导储能 | 十兆瓦级 | > 95 | 0 | 毫秒级 | > 50年 | 5000 | 1 ~ 2 | 日本国际超导研究中心(20MW/48MJ) |
| | 超级电容 | 兆瓦级 | > 90 | < 10%/月 | 毫秒级 | 30 ~ 50年 | 1500 ~ 10000 | 10 ~ 30 | 南麓岛1MW/4(kW·h)储能 |
| 储热技术 | 熔融盐储热 | 十兆瓦级 | 40 ~ 50 | 热损1%/天 | 分钟级 | 10 ~ 15年 | — | 100 ~ 150 | 鲁能海西50MW光热电站 |
| | 相变储热 | 十兆瓦级 | — | 热损1%/天 | 秒级 | 15 ~ 20年 | — | 150 ~ 300 | 江苏同里4MW时相变储热工程 |

## 1.2 电力储能应用模式

电力储能有多种应用模式，可以广泛应用在发、输、配、用电等多个环节。2013 年 12 月，美国能源部发布了《电力储能手册》，根据电力系统的应用需求特征，将电力储能应用模式分为 5 大类 18 项（见表 1–2），得到多个国家的认可。

表 1–2　电力储能应用模式

| 序号 | 类别 | 模式 |
|---|---|---|
| 1 | 电能批发服务 | 电能时移套利 |
| | | 动态容量供应 |
| 2 | 电力辅助服务 | 调峰 |
| | | 旋转备用、非旋转备用、补充备用 |
| | | 无功支持 |
| | | 黑启动 |
| | | 负荷跟踪 / 可再生能源平滑 |
| | | 调频 |
| 3 | 输电服务 | 输电设施延缓升级 |
| | | 缓解输电阻塞 |
| 4 | 配电服务 | 配电设施延缓升级 |
| | | 缓解线路阻塞 |
| | | 电压支撑 |
| | | 变电站直流电源 |
| 5 | 用户侧电能管理服务 | 电能质量 |
| | | 供电可靠性 |
| | | 峰谷套利 |
| | | 需求侧电费管理 |

## 1.3 电力储能安全涉及范围

电力储能安全要求电力储能系统在其全生命周期应用过程中不得直接或间接造成电气设备及电站安全事故、人身伤害，以及对电力储能电站周围社区环境产生影响。为防止储能电站出现安全事故，需要梳理电力储能系统存在的安全隐患、面临的安全风险。

从安全风险载体来看，电力储能安全涉及电力储能电站中的所有电力储

能系统及设备，以及相关附属设施。以锂离子电池储能电站为例，包括锂离子电池、电池管理系统（battery management system，BMS）、储能变流器（power conversion system，PCS）、接入系统、继电保护及监控系统、辅助设施等，还涉及设备间的配置及站区布置（比如间距）。

从安全风险存在阶段来看，电力储能安全涉及储能电站的施工、储能系统（包括梯次利用电池储能系统）安装调试、储能电站运行维护、储能设备检修、储能设备废旧处置等储能电站寿命周期内的每个阶段。

从安全风险诱因形式来看，电力储能安全涉及储能设备、环境因素、人员操作等方面。在储能设备方面，风险诱因可能来自设备本体隐性缺陷、设计问题、施工质量问题、长期使用造成的性能衰退后安全状态劣化问题。在环境因素方面，风险诱因可能来自空气温湿度、灰尘污染、高海拔地区气候、沿海地区盐雾等对设备功能性和可靠性的长期影响。在人员操作方面，风险诱因可能来自施工人员的不规范操作、运行监控人员和维修人员的误动作等。

目前，储能已经应用在电力系统的发、输、配、用等多个环节，实现了可再生能源特性改善、调峰调频、需求侧响应等多种电力服务功能。为了保障储能在电力系统应用中的安全性，防止发生电力安全生产事故，需要重视电力储能安全标准化工作。通过标准化工作，引导提升储能电站安全管理水平，规范、引领我国电力储能产业的健康、有序发展，推动我国电力储能技术进步和产业升级。

鉴于电力储能安全的复杂性，本书将分章节梳理电力储能各环节面临的安全风险以及相关的标准现状，并提出标准化工作的下一步建议。

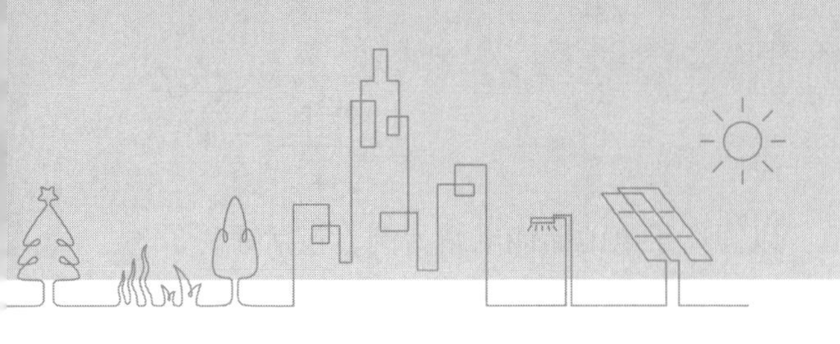

# 2　国内外电力储能系统安全现状

世界能源理事会（WEC）发布的《储能监测：2019发展趋势》报告中指出，全球储能部署规模持续快速扩大，各种储能技术不断发展，储能成本不断降低，预计到2030年，全球储能装机总量将达到250GW。

储能技术是涉及多学科的前沿技术。过去二十年，在各类储能工程中，用以保证储能安全的管理措施和技术措施等主要是借鉴常规的电气安全规范。由于储能安全问题的形成机理、边界条件、控制要素尚未全部认识清楚，致使储能安全防控手段和应对措施等尚不能完全适应储能技术快速发展及应用需要。近年来，国内外储能电站发生了多起火灾事故，引起了全社会的广泛关注。

## 2.1　国外储能安全状况

### 2.1.1　韩国

近年来，韩国陆续部署了1000多个锂离子电池储能项目。2017年8月至今，发生了30起储能电站火灾事故，部分电池事故信息见表2–1。

根据2019年6月11日韩国政府发布的《储能电站火灾事故调查结果报告》，在前23起安全事故中，按储能电站容量规模划分，不足1MW·h的电站有1起，1～10MW·h规模的电站有17起，超过10MW·h规模的电站有5起；按储能电池类型划分，三元锂电池的储能电站有21起，磷酸铁锂电池的储能电站有2起；按应用场景划分，参与可再生能源发电应用的电站有17起，参与电力需求侧管理的储能电站有4起，参与电力系统调频的电站有2起；按发生事故时所处状态划分，充满后待机中发生火灾的储能电站有14起，处于充放电运行状态的有6起，尚处于安装或调试状态的有3起。

表 2–1 韩国部分储能电站火灾统计[1]

| 序号 | 地区 | 容量（MW·h） | 用途 | 安装地形 | 事故日期 | 使用时间 | 发生阶段 |
|---|---|---|---|---|---|---|---|
| 1 | 全北高敞 | 1.46 | 风力 | 海边 | 2017.08.02 | — | 安装中（保管） |
| 2 | 庆北庆山 | 8.6 | 频率 | 山地 | 2018.05.02 | 1 年 10 个月 | 修理检查中 |
| 3 | 全南灵岩 | 14 | 风力 | 山地 | 2018.06.02 | 2 年 5 个月 | 修理检查中 |
| 4 | 全南群山 | 18.965 | 太阳能 | 海边 | 2018.06.15 | 6 个月 | 充电后等待中 |
| 5 | 全南海南 | 2.99 | 太阳能 | 海边 | 2018.07.12 | 7 个月 | 充电后等待中 |
| 6 | 庆南居昌 | 9.7 | 风力 | 山地 | 2018.07.21 | 1 年 7 个月 | 充电后等待中 |
| 7 | 世宗 | 18 | 需求管理 | 厂区 | 2018.07.28 | — | 安装中（施工） |
| 8 | 忠北岭东 | 5.989 | 太阳能 | 山地 | 2018.09.01 | 8 个月 | 充电后等待中 |
| 9 | 忠南泰安 | 6 | 太阳能 | 海边 | 2018.09.07 | — | 安装中（施工） |
| 10 | 济州 | 0.18 | 太阳能 | 商业区 | 2018.09.14 | 4 年 | 充电中 |
| 11 | 京畿龙仁 | 17.7 | 调频 | 厂区 | 2018.10.18 | 2 年 7 个月 | 修理检查中 |
| 12 | 庆北容州 | 3.66 | 太阳能 | 山地 | 2018.11.12 | 9 个月 | 充电后等待中 |
| 13 | 忠北天安 | 1.22 | 太阳能 | 山地 | 2018.11.21 | 11 个月 | 充电后等待中 |
| 14 | 忠北闻庆 | 4.16 | 太阳能 | 山地 | 2018.11.21 | 11 个月 | 充电后等待中 |
| 15 | 庆南居昌 | 1.331 | 太阳能 | 山地 | 2018.11.21 | 7 个月 | 充电后等待中 |
| 16 | 忠南堤川 | 9.316 | 需求管理 | 山地 | 2018.12.17 | 1 年 | 充电后等待中 |
| 17 | 江原三陟 | 2.662 | 太阳能 | 山地 | 2018.12.22 | 1 年 | 充电后等待中 |
| 18 | 庆南阳山 | 3.289 | 需求管理 | 厂区 | 2019.01.14 | 10 个月 | 充电后等待中 |

[1] 中国储能网，http://www.escn.com.cn/news/show-741744.html

续表

| 序号 | 地区 | 容量（MW·h） | 用途 | 安装地形 | 事故日期 | 使用时间 | 发生阶段 |
|---|---|---|---|---|---|---|---|
| 19 | 全南莞岛 | 5.22 | 太阳能 | 山地 | 2019.01.14 | 1 年 2 个月 | 充电中 |
| 20 | 全北樟树 | 2.496 | 太阳能 | 山地 | 2019.01.15 | 9 个月 | 充电后等待中 |
| 21 | 蔚山 | 46.757 | 需求管理 | 厂区 | 2019.01.21 | 7 个月 | 充电后等待中 |
| 22 | 庆北漆谷 | 3.66 | 太阳能 | 山地 | 2019.05.04 | 2 年 3 个月 | 充电后等待中 |
| 23 | 全北樟树 | 1.027 | 太阳能 | 山地 | 2019.05.26 | 1 年 | 充电后等待中 |
| 24 | 忠南野山郡 | — | 太阳能 | — | 2019.08.30 | — | — |
| 25 | 江原平昌 | 21 | 风力 | — | 2019.09.24 | — | — |

**注** 本表中，忠南野山郡的容量为 2 套储能系统，具体容量暂未有数据。

为了查明事故原因，韩国调查委员会在事故现场调研的基础上，先后组织开展 76 项比对性事故试验，围绕安全的起因，最终得出以下 5 项结论。

（1）电池保护系统存在缺陷；

（2）运行环境管理不规范；

（3）安装与调试规程存在缺失问题；

（4）综合保护管理体系不完善；

（5）部分电池存在制造缺陷，易发生电池内部短路进而诱发火灾事故。

韩国发布的《储能电站安全强化对策》中指出，为预防和应对储能系统火灾，针对锂离子电池储能装置特点，从以下 5 个方面实施安全强化措施。

（1）改进在“产品—安装—运行”等前期周期中的安全标准和管理制度，制定针对储能系统的消防标准。

（2）大幅强化产品及系统层面的安全管理。

（3）强化储能系统设置基准：强化屋内安装技术条件，强化安全装置及环境管理，增强监控功能。

（4）强化运维管理制度：强化法定检查，新设不定期维修强制条款。

（5）根据特定消防对象设定火灾安全基准，制定火灾安全标准，2019 年下半年制订专门的储能电站标准化火灾应对程序，强化消防应对能力。

### 2.1.2 美国

根据调研机构 Wood Mackenzie 公司和美国储能协会最近联合发布的美国储能监测调查报告的预测，美国储能部署的装机容量将从 2019 年的 523MW 增长到 2020 年的 1452MW，而 2021 年将增长两倍以上，达到 3646MW。

通过公开资料检索，2011 ~ 2012 年，美国先后发生了 3 起电化学储能电站的火灾事故，事故地点均是夏威夷 Kahuku 风电场储能电站，发生火灾时间分别为 2011 年 4 月、2012 年 5 月、2012 年 8 月。Kahuku 风电场风电装机容量为 30MW，并配备 15MW 的铅酸电池储能系统，前两起火灾均是储能系统中 ECI 电容器发生故障导致起火事件，而第三起火灾则是从储能系统的电池箱内部起火并迅速扩散蔓延导致的。事故调查报告显示，这三起事故主要原因是储能系统安全设计不足以及防护设施缺失，当储能系统周边的电器部件引发起火时，储能系统无法采取有效动作规避安全风险致使发生连锁反应。除此之外，2011 年 7 月 29 日，纽约州斯蒂芬镇的 20MW 飞轮储能系统发生一起严重的机械事故[1]，造成设备损坏。

2019 年 4 月 19 日，亚利桑那州 McMicken 变电站中锂离子电池储能设备发生起火事件[2]，该变电站安装有 2 套 2MW/2MW·h 三元锂离子电池储能系统，2017 年建成投运，主要用于提升光伏发电的并网友好性。该变电站储能系统出现故障后，在消防人员开展现场检查时发生爆炸，消防员受伤。2020 年 7 月 18 日，亚利桑那州公用事业服务公司（APS）发布《McMicken 电池储能系统事件技术分析及建议》，该报告将引发此次事故的原因总结为以下 5 个方面。

（1）电池内部故障引发热失控。

（2）灭火系统无法阻止电池的级联式热失控。

---

[1] 引自 https://eastwickpress.com/news/2011/07/a-mishap-at-the-beacon-power-frequency-flywheel-plant/

[2] https://power.in-en.com/html/power-2317781.shtml

（3）电芯单元之间缺乏足够的隔热层保护。

（4）易燃气体在没有通风装置的情况下积聚，当预制舱门被打开时引起爆炸。

（5）应急响应计划没有灭火、通风和进入事故区域的程序。

美国消防协会（NFPA）、国家运输安全委员会、联邦航空署及美国保险商实验室（Underwriter Laboratories Inc.，UL）等机构长期以来一直重视锂离子电池的安全问题。2017 年 1 月，美国消防协会（NFPA）组织成立了储能系统技术委员会，目的是共同制定储能系统的设计、安装及使用，以及应急救援全过程的安全操作与应急响应标准。目前，在储能系统的安装规范和安全标准方面，美国已经制定了相关的美国电气规范（NEC）、国际防火法规（IFC）、国际建筑规范（IBC）、国际住宅规范（IRC）和储能系统安装规范（NFPA 855），储能系统和设备的安全标准（UL 9540），以及评价储能系统热失控扩散危险性和消防措施有效性的大规模火烧测试标准（UL 9540A）等。

### 2.1.3 日本

日本的电力储能系统以电化学储能为主[1]，早期主要推广钠硫电池储能，后期则主要推广锂离子电池储能。

2011 年 9 月 21 日上午，日本茨城县三菱材料筑波制作所内的一座 1MW/6MW·h 钠硫电池电站发生火灾[2]，10 月 5 日大火被扑灭。在事故发生当天，日本钠硫电池制造商成立了事故调查委员会。事故调查表明，钠硫电池储能系统中存在 1 个“不合格”的钠硫电池单元，该电池单元的破损导致高温熔融物（液态的钠和硫）从内部流出，致使相邻的区块之间发生了短路。在发生火灾时，熔融物流出，火势便蔓延到了整个储能电站。事故后，日本钠硫电池制造商推出钠硫电池安全防护强化措施：为每一节电池设置了防火板；电池元

[1] 日本储能概况，《能源与环境》2018 年 第 1 期

[2] 电池储能电站的安全性问题，《中国能源报》2012-09-10 期

件之间增加了熔断器；在电池模块之间放置绝缘板；在电池模块之间的放置防火板。

2007年，日本消防法修订了与危险品限制相关的规定，修订后的内容包括：允许将不同种类的危险品装入同一容器内运输或储藏；可燃性固体硫被定义为第二类危险品；金属钠定义为第三类危险品。根据这一修订，只要容器及设置场所达到一定标准，即可安装部署钠硫电池。

此次事故说明钠硫电池的安全技术及火灾对策并不成熟。为此，日本钠硫电池制造商在加强安全防护工艺的同时，还提出了钠硫电池储能电站安全强化对策，如“建立用来在早期发现火灾的监控体制”“建立灭火防火设备并建立灭火体制”“建立火灾发生时的逃生线路并建立引导疏散体制”等对策。

## 2.2 国内储能安全状况

我国储能技术的发展经历了从早期技术积累和示范应用到从示范应用向商业化初期过渡的重要历史阶段。在前一个时期，对于储能技术的关注点主要在技术论证以及储能的性能、寿命与成本等综合评价方面。随着示范项目开展，储能技术性能快速提升而成本逐渐下降，储能技术应用价值被广泛认可。当前阶段关注更多的是储能技术的应用场景、商业模式、安全问题及环境影响等方面。

从公开资料发现，我国的储能电站火灾有4起。

2017年3月7日和2018年12月22日在山西某火电厂发生了两起锂离子电池储能系统火灾事故。该火电厂安装3套3MW/1.5MW·h预制舱式三元锂离子电池储能机组，用于辅助机组AGC调频。两次火灾事故分别造成一套储能系统设备损坏。通过调查认定2017年3月7日的储能系统火灾事故发生在系统恢复启动过程中，原因为浪涌效应引起的过大电压和电流，而BMS未得到有效的保护，不能实施管理Rack BMS的功能，也直接掉线，导致事故蔓延扩大[1]。另外，该系统设置的七氟丙烷灭火系统虽然执行了动作，但是未能将火灾扑灭。

[1] 一起火电厂储能系统火灾事故的调查与认定，消防科学与技术，2017年10月第36卷第10期

2018 年 8 月 3 日，在江苏扬中市高新区配售电有限公司投资建设的储能项目的 4 号电池舱发生火灾[1]。该储能项目有 4 个电池舱，每个电池舱的总容量为 2MW·h，每个舱内有 216 个模块电池箱。通过调查认定起火部位是 4 号舱东北角从上至下第一个电池箱处，起火原因是人员操作不当导致电池外短路引发火灾。

2021 年 4 月 16 日，位于北京丰台区南四环永外大红门西马厂甲 14 号院内的 25MW·h 直流光储充一体化电站发生了起火事故。在对电站南区进行处置过程中，电站北区在毫无征兆的情况下突发爆炸，致消防员伤亡。事故发生后，北京市相关部门高度重视并组织专门力量，做好起火区域及周边监测排查、确保安全。目前事故原因正在调查之中，尚未公布事故调查报告。

在国内外储能电站相继发生储能系统火灾事故的影响下，我国相关单位投入大量的人力、物力加强对于储能安全问题的研究，主要集中在以下两个方面。

（1）分析目前已建成的和在建的电池储能电站的安全风险，重视梯次利用电池储能系统可能存在的安全问题，加大与储能系统相匹配的预警、防护、消防灭火装置研发力度。

（2）强化储能系统检测试验、施工、运行维护等环节的安全保障措施，重视储能安全标准化工作，研究制定、修订储能安全相关标准。

## 2.3 小结

从国内外已发生的储能电站火灾事故来看，事故涉及多种储能类型，其中以锂离子电池为主。引发火灾事故的起因有多种方面，如储能容量和功率标定不准、系统配置和选型有问题、安装调试过程不规范、运行检修维护工作不到位等方面问题。

为保障电力储能安全，应加强储能电站工程建设、生产运行全寿命周期的安全管理工作，强化安全风险管控和安全保障措施，紧密跟踪相关技术发展现状，加快制修订涉及安全性的标准，进一步完善电力储能标准体系，加强安全标准的宣贯和实施工作。

[1] 对一起磷酸铁锂电池储能电站火灾的调查与思考，2019 年中国消防协会科学技术年会论文集

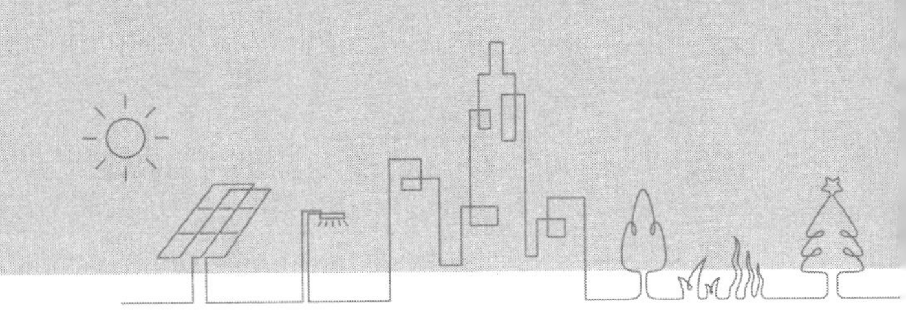

# 3 电力储能安全标准化现状

电力储能安全标准化工作，对规范电力储能设备及系统的开发建设，保障储能电站在设计、施工、运行维护、设备检修等不同阶段的安全，提升储能电站的安全管理水平有着重要的意义。目前国际电工委员会以及美国、日本、韩国等均高度重视储能技术安全标准化工作。

## 3.1 IEC 储能安全标准化情况

国际电工委员会（IEC）于 2012 年底正式批准成立 IEC/TC 120，主要负责研究制定电力储能系统及相关部件的国际标准。截至目前，IEC/TC 120 在储能领域立项 16 项标准，其中已发布 6 项、在编 10 项。目前 IEC/TC 120 下设 5 个工作组，1 个联合工作组，分别是：WG1- 术语与定义工作组、WG2- 储能单元参数与测试方法工作组、WG3- 规划与安装工作组、WG4- 环境问题工作组、WG5- 安全问题工作组、JWG 10 与 IEC TC 8 联合工作组共同负责分布式电源接入电网。

IEC/TC 120 已经发布的、在编的电力储能标准分别见表 3–1 和表 3–2。

表 3–1　IEC/TC 120 发布的电力储能标准

| 序号 | 标准名称 | 标准编号 |
|---|---|---|
| 1 | Electrical energy storage (EES) systems – Part 1: Vocabulary | IEC 62933–1:2018 |
| 2 | Electrical energy storage (EES) systems – Part 2–1: Unit parameters and testing methods – General specification | IEC 62933–2–1:2017 |
|  | Corrigendum 1 – Electrical energy storage (EES) systems – Part 2–1: Unit parameters and testing methods – General specification | IEC 62933–2–1:2017/ COR1:2019 |
| 3 | Electrical energy storage (EES) systems – Part 3–1: Planning and performance assessment of electrical energy storage systems – General specification | IEC TS 62933–3–1:2018 |

续表

| 序号 | 标准名称 | 标准编号 |
|---|---|---|
| 4 | Electrical energy storage (EES) systems – Part 4–1: Guidance on environmental issues – General specification | IEC TS 62933–4–1:2017 |
| 5 | Electrical energy storage (EES) systems – Part 5–1: Safety considerations for grid–integrated EES systems – General specification | IEC TS 62933–5–1:2017 |
| 6 | Electrical energy storage (EES) systems – Part 5–2: Safety requirements for grid–integrated EES systems – Electrochemical–based systems | IEC 62933–5–2:2020 |

**注** IEC 62933–1 和 IEC 62933–5–2 正在修订中。

**表 3–2　　IEC/TC 120 在编的电力储能标准**

| 序号 | 标准名称 | 标准编号 |
|---|---|---|
| 1 | Electric Energy Storage Systems – Part 2–2: Unit parameters and testing methods – Applications and Performance testing | IEC TS  62933–2–2 |
| 2 | Case study of EES Systems located in EV charging station with PV | IEC TR 62933–2–200 |
| 3 | Electric Energy Storage Systems – Part 3–2: Planning and performance assessment of electrical energy storage systems – Additional requirements for power intensive and for renewable energy sources integration related applications | IEC TS 62933–3–2 |
| 4 | Electrical Energy Storage (EES) systems – Part 3–3: Planning and performance assessment of electrical energy storage systems – Additional requirements for energy intensive and backup power applications | IEC TS 62933–3–3 |
| 5 | Electrical energy storage (EES) systems – Part 4–200: Guidance on environmental issues – Greenhouse gas (GHG) emission reduction by electrical energy storage (EES) systems | IEC TR 62933–4–200 |
| 6 | Electric Energy Storage System – Part4–2– environment impact assessment requirement for electrochemical based systems failure | IEC 62933–4–2 |
| 7 | Electrical energy storage (EES) systems – Part4–3: – The protection requirements of BESS according to the environmental conditions and location types | IEC 62933–4–3 |
| 8 | Electrical energy storage (EES) systems – Part 4–4: Environmental requirements for BESS using reused batteries in various installations and aspects of life cycles | IEC 62933–4–4 |
| 9 | Electrical energy storage (EES) systems – Part 5–3: Safety requirements for electrochemical based EES systems considering initially non–anticipated modifications – partial replacement, changing application, relocation and loading reused battery | IEC 62933–5–3 |
| 10 | Electrical energy storage(ESS) systems – Part 5–4 – Safety test methods and procedures for grid integrated EES systems – Lithium ion battery–based systems | IEC 62933–5–4 |

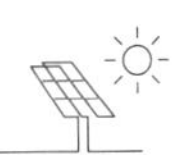

# 3.2 国外标准化组织储能安全标准化情况

美国能源部（DOE）正在制定储能安全标准路线图，由美国能源部桑迪亚国家实验室（Sadia National Laboratory for DOE，SNLD）牵头，协调美国消防协会（NFPA）、国际标准委员会（ICC）、电气和电子工程师协会（IEEE）等标准化组织开展相关标准制修订工作，其他诸如 UL、挪威船级社 (DNVGL) 和 FM 全球公司（FM Global）等企业和机构也参与其中。

## 3.2.1 基础通用类标准

基础通用类标准目前共有 12 项现行标准，主要涉及与储能相关的建筑环境安全、消防、电气、并网运行安全等。基础通用类的现行标准见表 3–3。

表 3–3　　基础通用类的现行标准

| 编号 | 标准名称 | 最新版本 | 发布机构 | 备注 |
| --- | --- | --- | --- | --- |
| 1 | NFPA 1–18 Fire Code | 2018 版 | NFPA | 新增 52 章与储能系统安装相关 |
| 2 | NFPA 70–20, National Electrical Code (NEC) | 2020 版 | NFPA | 新增 706 章适用于储能系统 |
| 3 | NFPA 5000–18 Building Code | 2018 版 | NFPA | 为采用其他标准供依据 |
| 4 | 2018 International Fire Code(IFC) | 2018 版 | ICC | 第 12 章 1206 节与电力储能相关 |
| 5 | 2018 International Residential Code(IRC) | 2018 版 | ICC | 能源和建筑部分与储能系统安装相关 |
| 6 | 2018 International Building Code(IBC) | 2018 版 | ICC | 为采标其他标准提供依据 |
| 7 | 2018 International Existing Buildings Code（IEBC） | 2018 版 | ICC | 部分相关 |
| 8 | 2018 International Energy Conservation Code(IECC) | 2018 版 | ICC | 部分相关 |
| 9 | 2018 International Green Construction Code(IGCC) | 2018 版 | ICC | 部分相关 |
| 10 | 2018 International Mechanical Code (IMC) | 2018 版 | ICC | 包括固定式燃料电池动力系统的基本要求和通风排气 |
| 11 | IEEE C2–17, National Electric Safety Code (NESC) | 2017 版 | IEEE | 储能系统及装备的电气安全相关 |
| 12 | DNVGL–RP–0043 Safety, Operation and Performance of Grid–connected Energy Storage Systems | 2017 版 | DNV GL | 储能并网的安全、运行和性能 |

**注**　美国国家电气承包商协会，简称 NECA。

### 3.2.2 系统安装防护类的相关标准

系统安装防护类的相关标准共有 7 项现行标准，另有 1 项正在制定。主要涉及与储能系统安装相关的防护、隔离、灭火等方面，现行标准和在编标准分别见表 3–4 和表 3–5。

表 3–4 系统安装防护相关的现行标准

| 编号 | 标准名称 | 最新版本 | 发布机构 | 备注 |
| --- | --- | --- | --- | --- |
| 1 | NFPA 855 Standard for the Installation of Stationary Energy Storage Systems | 2020 版 | NFPA | 固定式储能系统安装、尺寸、隔离以及灭火和控制系统的要求 |
| 2 | NECA 416–16 Recommended Practice for Installing Stored Energy Systems | 2016 版 | NECA | 储能系统安装要求 |
| 3 | IEEE 1635–18/ASHRAE Guideline 21–18, Guide for Ventilation and Thermal Management of Batteries for Stationary Applications | 2018 版 | IEEE | 指导铅酸和镍镉储能电池系统如何提供通风和热管理 |
| 4 | IEEE 1578–18 Recommended Practice for Stationary Battery Electrolyte Spill Containment | 2018 版 | IEEE | 储能电池电解液泄漏控制方法以及消防 |
| 5 | NECA 417 Recommended Practice for Designing, Installing, Maintaining, and Operating Microgrids | 2019 版 | NECA | 微电网的设计、安装、维护和运行 |
| 6 | NFPA 78 Guide on Electrical Inspections | 2020 版 | NFPA | 电气设计和安装 |
| 7 | FM Global Property Loss Prevention Data Sheet # 5–33, Electrical Energy Storage Systems | 2017 版 | FM Global | 描述了关于储能设计、操作、保护和检查等方面 |

表 3–5 系统安装防护相关的在编标准

| 标准名称 | 最新版本 | 发布机构 | 备注 |
| --- | --- | --- | --- |
| NFPA 1078 (new standard), Standard for Electrical Inspector Professional Qualifications | 制定中 | NFPA | 储能系统的电气检查审核资格 |

### 3.2.3 系统安全要求及测试方法类的标准

系统安全要求及测试方法类的标准共有 4 项现行标准，另有 3 项正在制定。主要涉及储能系统安全要求和测试方法，现行标准、在编标准分别见表 3–6 和表 3–7。

表 3-6　系统安全要求及测试方法相关的现行标准

| 编号 | 标准名称 | 最新版本 | 发布机构 | 备注 |
| --- | --- | --- | --- | --- |
| 1 | ESS-1-2019 Standard for Uniformly Measuring and Expressing the Performance of Electrical Energy Storage Systems | 2019 版 | NEMA | 电力储能系统性能测试 |
| 2 | ANSI/CAN/UL 9540, Energy Storage Systems and Equipment | 2020 版 | UL | 储能系统安全 |
| 3 | UL 9540A, Test Method for Evaluating Thermal Runaway Fire Propagation in Battery Energy Storage Systems (BESSs) | 2019 版 | UL | 储能系统热扩散测试 |
| 4 | NFPA 791-2018, Recommended Practice and Procedures for Unlabeled Electrical Equipment | 2018 版 | NFPA | 无标签电力设备 |

注　美国国家电气制造商协会，简称 NEMA。

表 3-7　系统安全要求及测试方法相关的在编标准

| 编号 | 标准名称 | 最新版本 | 发布机构 | 备注 |
| --- | --- | --- | --- | --- |
| 1 | TES-1 Safety Standard for Thermal Energy Storage Systems | 制定中 | ASME | 熔盐储能系统安全 |
| 2 | TES-2 Safety Standard for Thermal Energy Storage Systems, Requirements for Phase Change, Solid and Other Thermal Energy Storage Systems | 制定中 | ASME | 相变材料、固态介质等其他热储能系统安全，包括设计、施工、测试、维护和运行 |
| 3 | PTC 53 Performance Test Code for Mechanical and Thermal Energy Storage Systems | 制定中 | ASME | 机械和热能储存系统性能试验规程 |

注　美国机械工程师协会，简称 ASME。

### 3.2.4 系统设备安全要求及测试方法类的标准

系统设备安全要求及测试方法类的标准共有 10 项现行标准，另有 4 项正在制定。主要涉及储能电池、电池管理系统、储能变流器等设备的安全要求和测试方法，现行标准、在编标准分别见表 3-8 和表 3-9。

表 3-8　系统设备安全要求及测试方法相关的现行标准

| 编号 | 标准名称 | 最新版本 | 发布机构 | 备注 |
| --- | --- | --- | --- | --- |
| 1 | CSA C22.2 No. 107.1-2016, Power Conversion Equipment | 2016 版 | CSA | 储能变流器要求 |
| 2 | IEEE 1679.1-17, Guide for the Characterization and Evaluation of Lithium-Based Batteries in Stationary Applications | 2017 版 | IEEE | 固定式锂离子电池性能和安全评价指南 |

续表

| 编号 | 标准名称 | 最新版本 | 发布机构 | 备注 |
|---|---|---|---|---|
| 3 | IEEE P1679.2-18, Guide for the Characterization and Evaluation of Sodium-Beta Batteries in Stationary Applications | 2018 版 | IEEE | Sodium-Beta 电池性能和安全评价指南 |
| 4 | ANSI/UL 810A, Electrochemical Capacitors | 2017 版 | UL | 储能用电化学电容器安全要求 |
| 5 | UL 1642, Lithium Batteries | 2012 版 | UL | 储能用锂离子电池要求 |
| 6 | UL 1741, Inverters, Converters, Controllers and Interconnection System Equipment for Use with Distributed Energy Resources | 2018 版 | UL | 应用于分布式能源的逆变器、转换器、控制器和互联系统设备要求 |
| 7 | ANSI/CAN/UL 1973, Standard for Batteries for Use in Stationary, Vehicle Auxiliary Power and Light Electric Rail (LER) Applications | 2018 版 | UL | 固定储能、车辆辅助动力和轻轨（LER）用电池 |
| 8 | ANSI/CAN/UL 1974-18, Evaluation for Repurposing Batteries | 2018 版 | UL | 循环利用电池 |
| 9 | UL 62133-2: Secondary Cells and Batteries Containing Alkaline or Other Non-Acid Electrolytes – Safety Requirements for Portable Sealed Secondary Cells, and for Batteries Made from Them, for Use in Portable Applications – Part 2: Lithium Systems | 2020 版 | UL | 锂离子电池安全要求 |
| 10 | UL 62133-1, Secondary Cells and Batteries Containing Alkaline or Other Non-Acid Electrolytes – Safety Requirements for Portable Sealed Secondary Cells, and for Batteries Made from Them, for Use in Portable Applications – Part 1: Nickel Systems | 2020 版 | UL | 镍电池安全要求 |

**注** 加拿大标准协会，简称 CSA。

**表 3-9　系统设备安全要求及测试方法相关在编标准**

| 编号 | 标准名称 | 最新版本 | 发布机构 | 备注 |
|---|---|---|---|---|
| 1 | CSA C22.2 No. 340-20XX (new standard), Battery Management Systems | 制定中 | CSA | 电池管理系统的设计、性能和安全性 |
| 2 | IEEE P1679.3 (new standard), Guide for the Characterization and Evaluation of Flow Batteries in Stationary Applications | 制定中 | IEEE | 液流电池性能和安全评价指南 |
| 3 | IEEE P2686 (new standard) Recommended Practice for Battery Management Systems in Energy Storage Applications | 制定中 | IEEE | 储能用电池管理系统要求 |

续表

| 编号 | 标准名称 | 最新版本 | 发布机构 | 备注 |
|---|---|---|---|---|
| 4 | IEEE P1547.9 (new standard) Guide to Using IEEE Standard 1547 for Interconnection of Energy Storage Distributed Energy Resources with Electric Power Systems | 制订中 | IEEE | 储能系统接入电网要求 |

### 3.2.5 小结

目前，美国有 33 项储能安全相关的标准，还有 8 项正在制定。这些标准涉及储能系统建筑环境、消防、安装、并网、试验等多个方面，大致分成两类：一类是沿用与传统电气安全要求相关的通用性标准；另一类是针对储能电池的安全性而设计的标准，比如 UL 9540A。

## 3.3 日韩储能标准情况

### 3.3.1 日本储能标准

日本储能相关标准主要由日本工业标准调查会（JISC）组织制定，涉及电池的试验方法、安全性要求、电磁兼容等方面，目前主要现行标准见表 3–10。

表 3–10　　日本储能相关的现行标准

| 序号 | 标准名称 | 标准编号 |
|---|---|---|
| 1 | 工业用二次锂电池和蓄电池　第 1 部分：性能要求和试验方法 | JIS C 8715–1 |
| 2 | 工业用二次锂电池和蓄电池　第 2 部分：安全性要求和试验方法 | JIS C 8715–2 |
| 3 | 电能存储设备的安全性要求　第 1 部分：通用要求 | JIS C 4412–1 |
| 4 | 电能存储设备的安全性要求　第 2 部分：分离型功率调节器的详细要求 | JIS C 4412–2 |
| 5 | 电力电子装置　电磁兼容性 (EMC) 要求和特异性试验方法 | JIS C 4431 |
| 6 | 不间断电源系统 (UPS)　第 2 部分：电磁兼容性 (EMC) 的要求 | JIS C 4411–2 |
| 7 | 不间断电源系统 (UPS)　第 3 部分：性能要求和试验方法 | JIS C 4411–3 |

### 3.3.2 韩国储能标准

韩国储能相关标准主要由韩国技术和标准局（KATS）、韩国电池工业协会（KBIA）等组织制定，涉及电池安全要求、性能试验、安全试验等方面，目前主要现行标准见表 3–11。

表 3–11　　韩国储能相关的现行标准

| 序号 | 标准名称 | 标准编号 |
|---|---|---|
| 1 | 蓄电池和含碱或其他非酸性电解质蓄电池组　工业应用中使用二次锂电池和蓄电池组的安全要求 | KS C 62619 |
| 2 | 含碱性或其他非酸性电解质的蓄电池和蓄电池组　工业设备用锂蓄电池和电池组 | KS C 62620 |
| 3 | 二次锂离子电池和电池系统　蓄电池储能系统　第 2 部分：安全试验 | KBIA 10104–1 |
| 4 | 二次锂离子电池和电池系统　蓄电池储能系统　第 2 部分：性能试验 | KBIA 10104–2 |

## 3.4　我国电力储能安全标准化情况

2014 年 6 月，国家标准化管理委员会批复成立全国电力储能标准化技术委员会（SAC/TC 550，简称储能标委会），对口 IEC/TC 120。储能标委会从成立之日起至今，在中国电力企业联合会的领导下，一直致力于储能标准体系建设，组织国内相关单位制修订储能标准。

目前，储能标委会已经陆续组织、编制和发布了多项电力储能相关的国家标准、行业标准和团体标准，涉及储能关键设备（储能电池、储能变流器、储能电池管理系统等）、储能电站设计、施工及验收、运行维护等多个方面。这些标准均涉及储能安全，比如《电力储能用锂离子电池》（GB/T 36276—2018）提出了储能锂离子电池安全技术要求及试验方法，要求电池在各类滥用试验下不起火、不爆炸；该标准针对电气安全提出了绝缘特性测试、耐压特性测试、过充电测试、过放电测试、短路测试；针对机械安全提出了挤压测试、跌落测试；针对环境滥用和化学安全提出了盐雾与高温高湿、低气压、加热等测试。

同时，储能标委会组织国内相关单位，参与对口的国际标准化工作，与国际专家保持密切沟通，积极提出中国提案。

储能标委会还与 UL 实验室等相关单位保持长期合作，就 UL9540A 等针对储能安全的标准开展交流讨论。

## 3.5　小结

综上所述，IEC、美国、韩国、日本等多个组织和国家均开展了涉及储能安全相关的标准化工作，然而由于电力储能的安全问题涉及环节多，且多因素交叉影响，对于电力储能安全问题的认识还不系统深入，难以完全明晰电力储能安全问题的发生、发展规律，在安全技术要求、关键指标阈值等方面还缺乏相关技术和数据支撑。这些标准多为通用性标准，缺少针对储能系统特点和工况特征的安全性要求。

我国的电力储能标准化工作涉及的范围、专业领域更加广泛，近年来陆续制定了多项与储能安全相关的关键性标准，覆盖了电力储能的大多数应用环节，发挥了标准化工作在保障电力储能安全性方面的支撑和引领作用。

# 4 储能电站安全设计

## 4.1 总体情况分析

储能电站安全设计包括储能系统、继电保护及监控系统、辅助设施、消防系统等部分的设计，不仅需考虑设备之间联动控制，还需要充分考虑这些方面存在的安全风险，通过合理的电站设计降低安全风险、减少安全隐患，保障储能电站安全稳定运行。

目前，我国除抽水蓄能电站外，应用规模较大的主要是电化学储能电站，电化学储能电站的安全设计主要依据为《电化学储能电站设计规范》（GB 51048—2014）。该标准于 2014 年 12 月 2 日发布、2015 年 8 月 1 日实施，目前正处于修订阶段，内容涵盖了电化学储能电站工程建设的主要技术内容和基本要求，其中与电站安全相关的重要条款如下。

### 1. 储能系统

该标准的“第五章 储能系统”中规定了电化学储能电站的分类、储能单元的设计要求、储能变流器 / 电池及电池管理系统的功能 / 性能要求。

### 2. 站区规划和总平面图布置

该标准的“第五章 储能系统”中规定了储能设备的布置要求，包括户内布置要求、户外布置要求、储能系统维护通道布置要求、储能变流器站内布置要求、电池及电池管理系统布置要求等。

## 3. 接入系统

该标准的“第六章 电气一次”中规定了电站的并网要求、电站接入电网公共连接点电能质量要求、电站有功 / 无功功率控制要求、电网频率 / 电压异常时电站响应能力要求、电站的无功补偿装置配置要求、电气主接线的要求等。

## 4. 继电保护及监控系统

该标准的“第七章 系统及电气二次”中规定了继电保护及安全自动装置设计要求、调度自动化设计要求、电站系统通信要求、计算机监控系统设计要求、视频安全监控系统设计要求等。

## 5. 辅助设施

该标准的“第六章 电气一次”中规定了站用电源及照明的设计要求；在该标准的“第九章 采暖通风与空气调节”中规定了电站采暖、通风与空气调节设计要求、给水和排水设计要求、液流电池储液罐设计要求。

## 6. 储能消防与应急处理

该标准的“第十一章 消防”中规定了储能电站内各建 / 构筑物和设备的火灾危险分类及其最低耐火等级、消防给水和灭火设施设计要求、建筑防火设计要求、火灾探测及消防报警设计要求等。

编制该标准时，我国电力储能技术正处于发展初期，很多储能技术尚处于试验验证阶段，该标准为我国当时的储能示范电站规划建设提供了有力的支撑。然而从该标准编制至今，我国电力储能的规模、应用场景都发生了如下显著变化。

（1）我国电池储能规模逐年提高。据中国储能联盟（CNESA）统计，2014 年底，我国电化学储能技术总计 84.1MW，其中锂离子电池技术的装机量总计 62.3MW。截至 2020 年底，我国累计部署的电池储能系统装机容量已达 35.6GW。

（2）电力储能的应用场景多样化。储能系统在电源侧、电网侧、用户侧均有广泛的应用，而不同的储能应用场景对储能系统的技术经济指标和安全性要求存在差异，相应的在储能设备选型、系统配置要求方面不完全相同。

（3）电力储能设备的类型多样化。目前我国电化学储能电池类型多样，包括锂离子电池、液流电池、铅酸（炭）电池等，其中锂离子电池又分为磷酸铁锂电池、钛酸锂电池、三元电池等多种体系，不同类型储能设备的火灾危险性、安全风险不同，应用于电力储能领域的安全性要求也不同。

以上这些变化都会影响储能电站的安全性，如果储能电站的规模发生变化，则需要考虑储能系统能量 / 电压等级、系统容量、规模效应对设备选型与配置的影响，小规模储能系统的设备选型与配置不一定适合大规模储能系统；如果储能设备的技术指标（如功率特性）与储能应用场景不匹配，则会影响储能系统的性能，甚至会造成储能设备的损坏，从而出现安全问题；如果储能变流器、电池管理系统与储能电池特性不匹配，在充放电功率及电池温度管理等方面没有充分考虑储能电池的内外特性，那么就有可能造成储能电池的快速老化而产生安全隐患。

因此，需要高度重视我国电力储能领域近年来新变化、新发展以及新技术应用中可能产生的安全风险，通过标准制修订工作满足电力储能的安全性需求，充放发挥标准的引领、指导和规范作用。本章将梳理在储能电站设计方面目前存在的安全风险，对照现有标准内容，提出下一步标准工作建议。考虑到目前在我国应用最为广泛的是电化学储能系统且其安全问题相对突出，电磁储能、机械储能、相变储能等其他储能类型尚未大规模应用，因此本章主要以介绍电化学储能电站为主，兼顾其他类型储能电站。

## 4.2 储能系统

储能系统是指通过能量存储介质进行可循环的电能存储、转换及释放的设备系统。《电化学储能电站设计规范》（GB 51048—2014）中未涉及不同容量 / 规模的储能系统设备选型技术要求，并且限于该标准在编制时的储能技术发展水平，并未在标准中详细提出储能设备按照储能系统应用的技术条件选型的具

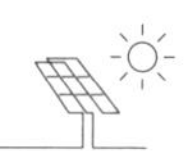

体要求。

如果储能设备设计、选型不当，都可能产生安全问题，影响储能系统的安全性。标准应综合考虑安全设计中对储能设备选型的要求，根据储能系统应用场景和安全需求对储能设备进行差异化设计，补充修订现有标准中对于不同应用场景、系统规模的储能设备选型要求。另外，针对目前广泛采用预制舱模式，应完善有关预制舱模式储能设备的技术要求，保障整个建设环节规范的完整性。关于储能设备的具体安全问题以及标准工作，将在本书“第五章 储能设备安全技术要求”中详细论述。

## 4.3 站区规划和总平面图布置

在站区规划和总平面布置方面，选址及站内总平面布置方式均涉及储能安全。

### 1. 安全风险分析

在储能电站的站址选择方面，从安全角度来看主要考虑如下两个方面。

（1）针对构成储能系统的电化学储能电池的火灾风险从选址方面应远离其他危险场所、人员密集地段。目前发生的多数储能电站火灾事故的主体是电化学电池火灾，因此在站址选择时需要考虑采取防火、防爆等防控措施，站址用地应远离有明火或高温生产的厂区或者爆破源，或者与这些存在火灾、爆炸危险因素的区域之间应有可靠的安全间距或隔离措施。

（2）针对储能电站周边建筑、环境的防护需求，在站址选择时应充分考虑其对周边毗邻建筑、环境的影响，确保站区内核心的屋内、外电池设备对周边毗邻建筑、人口或人流密集场所等具有可靠的安全间距或隔离措施。

目前针对电化学储能系统的安全防护技术尚未成熟，电化学储能系统起火、燃烧爆炸产生的破坏力和造成的危害还缺少科学合理的评估方法和手段，因此对于电化学储能电站的站区与周边建筑的合理安全间距、隔离措施的具体要求等还有待于试验研究和实践论证。

在总平面布置方面，近年来储能电站的布置型式愈加灵活，由户内布置的型式发展为户内布置、半户内布置、预制舱布置等多种布置型式。目前，储能电站主要是站房式和户外预制舱式两种布置方式。由于预制舱设备在建设周期短、安装拆卸灵活等方面的优势，这种布置方式逐渐获得广泛应用。实际工程应用中，安全事故也多发生在预制舱储能设备中。对于预制舱储能设备如何布置以降低火灾影响还未引起业内的关注，这既与预制舱设备的能量、功率等级有关，也与采用的储能电池体系和系统设计有关，不合理的预制舱储能设备布置有可能会导致预制舱储能设备之间的燃烧蔓延造成火灾事故的扩大，以及增加消防灭火的难度。另外，需要考虑多层结构下部预制舱荷载、安全出口、疏散通道的设备安全及人员安全问题。

### 2. 标准化工作建议

随着我国电力储能技术的快速发展，储能类型多样化、电站规模扩大，电站布置型式、应用场景多样化，加强储能电站站区规划和布置型式方面的安全及消防研究和工程实践探索，并适时开展标准制修订工作，具体工作如下：

（1）重新评估及界定不同类型储能系统的火灾危险性，以及站址选择和站区规划对周边环境的影响研究，对不同类型的储能电站按储能规模进行安全等级的分级，提出不同类型储能电站防火设计要求，适时在相关标准中补充不同类型和规模、利用现有建筑建设储能电站建设模式的站区规划总体设计原则及要求。

（2）加强不同布置形式、建设规模的储能电站消防设计研究，分析、确定其站区消防车道的设置，包括消防车道的净宽、净空高度、转弯半径、回车场地，以及消防车道所连接的站区出入口的数量、救援场地等，有特殊要求应在条文中予以明确规定；开展户外预制舱式布置方案中防火分区、防火间距、设备运输、吊装、运维等方面的安全需求研究。

## 4.4 接入系统

接入系统的安全性涉及接入系统方式、电网的适应性以及电能质量三个方面。

## 1. 安全风险分析

（1）在接入系统设计方面，储能系统接入电压等级应按照储能系统的功能、容量和相关变压器的电力平衡等综合确定，如果接入系统设计考虑不周，将对电网的安全稳定产生负面影响。随着我国储能领域的快速发展，储能电站规模日益扩大，储能系统容量和电压等级也相应提高，大容量储能系统若接入电压等级较低的电网系统，易造成接入点电压过高，且充放电易对近区网架形成冲击，最终影响所接入系统的安全稳定运行。

（2）在电网适应性方面，电化学储能系统应能够在系统频率波动时满足调频的要求，否则将导致系统频率进一步恶化；若储能系统发生故障时脱网，无法提供电压支撑，则极易引起系统电压波动，造成失稳，并可能导致电力系统发生连锁故障，最终引发大面积停电。

（3）在电能质量方面，电能质量的下降不仅会影响供电系统的正常安全供电，同时也会给用电系统带来各种各样的危害。比如：谐波会增加电网的附加输电损耗，降低发电、输电及用电设备的使用效率，会导致继电保护和自动装置等保护设备的误动作等；无功功率会降低发输电设备的使用效率，增加设备的容量，同时增加线路损耗；三相不平衡同样会使电网损耗增加，增大对通信设备的信号干扰，影响通信质量。

## 2. 标准化工作建议

现有标准规定了储能电站的并网要求、电气主接线、电气设备选择等相关要求。除了该标准外，《电化学储能系统接入电网技术规定》（GB/T 36547—2018）、《电化学储能系统接入配电网技术规定》（NB/T 33015—2014）分别规定了电化学储能系统接入电网以及配电网的电能质量、功率控制、保护与安全自动装置、接地与安全标识、并网测试等技术要求等。

（1）在接入系统设计方面，储能接入系统的出线规模，应根据储能系统的应用场景来确定，对于储能系统的供电可靠性要求较高的场景，修订或者补充完善现有标准中储能接入系统的出线满足 $N$–1 的相关要求。对于接入系统电压等级及接入方式的选择应根据实际情况，结合工程需求进一步论证，我国大多数城市的35kV和110kV电压等级均属于高压配电电压，两个电压等级同时存在，为避免储能系统的接入导致不同电压等级配电网短路容量、短路电流等指标超过允许值，接入系统的相关标准中应进一步细化明确不同电压等级所对应的储能容量。另外，无功补偿是保证电压质量的重要手段之一，现有标准《电化学储能系统接入电网技术规定》（GB/T 36547—2018）中规定了储能变流器无功的运行范围，但并未对储能电站整体的无功配置作规定，因此建议在标准中增补该内容。

（2）在电网适用性方面，关于电化学储能系统电网适应性的标准较为完善。考虑到除电化学储能系统之外，还有其他不同类型的储能系统（比如压缩空气储能系统），目前尚无这些储能系统接入电网的适应性的明确规定，应跟踪这些不同类型储能系统的技术发展状态以及相应储能电站的规划动态，适时启动不同类型储能系统接入电网适应性的标准制订工作。

随着目前光储充一体化电站、数据中心、多站融合等直流适用场景逐步走向成熟，国内直流配电网示范工程日益增多，中低压尤其是1500V及以下低压直流配电网中储能接入项目需求持续增长，储能电站对于直流系统的调峰、调频、备用以及提升直流电力系统灵活性、经济性和安全性具有愈加重要的作用。然而储能电站接入直流系统所涉及的安全问题和交流不同，目前还未有相应的标准对储能系统接入直流系统的安全保障措施做出规定，建议对此提出标准制订的议案，进一步完善储能标准体系，保障储能系统接入直流配电网的安全运行。

## 4.5 继电保护及监控系统

储能电站继电保护配置及监控系统的性能也是保证储能电站安全运行的重要方面，需考虑保护的“四性”满足要求的同时，储能系统的监测系统需要考虑监测信息的完整性、通信速率、故障报警及紧急控制等方面的内容。

## 1. 安全风险分析

（1）在继电保护方面，各应用场景的继电保护配置原则划分有待细化，不同接线型式如线变组出线、线路间隔出线应对保护配置原则进行细化及修正。设备接口的匹配性有待加强，如储能系统电冲击保护措施不足，储能系统的熔丝选择和电池运行特性曲线配合不佳，不能快速切断故障或过载电流等情况都可能引发安全事故；储能电站内继电保护设备、储能变流器和储能电池元件保护的保护范围及动作时序界限划分不清晰，也会造成保护误动或者拒动，储能电站运行过程中存在电池、储能变流器、监控系统保护动作的顺序、极差配合等欠佳的情况，从而存在安全隐患。

（2）在监控系统方面，电池管理系统、变流器及监控系统等多种设备之间的协调控制原则、交互信息及接口的兼容性考虑不足或存在设计缺陷，会产生交直流侧绝缘监测、传感器数据冲突、各层控制权冲突等情况，导致系统显示信息不准确，系统状态判断出现偏差而发生误操作等问题。监控系统的安全设计，除了保障及时、准确地完成信息交互、储能系统故障状态告警以实现对设备的安全监视、故障紧急控制外，还包括监控系统网络安全。近年来网络安全逐渐引起重视，监控系统设计中也应关注储能系统的网络信息安全，如果网络安全防护原则执行不到位，也会存在网络安全隐患。

（3）与继电保护、监控系统设计安全均有关的还有通信信号抗干扰问题，这在储能电池管理系统信息传输中较为突出。由于直流侧为浮地系统，经常发生共模干扰现象。这种现象一方面可能由电缆的屏蔽性能不足引起，另一方面与电池管理系统供电方式有关。因此共模干扰现象造成储能电池状态信息无法及时有效的反馈给监控系统及储能变流器。对于储能电站的回路设计，如果不考虑数据传输抗干扰性，会影响到数据可靠性及电站运行的安全性。

## 2. 标准化工作建议

（1）在继电保护方面，《电化学储能电站设计规范》（GB 51048—2014）规定了继电保护及安全自动装置配置应满足可靠性、选择性、灵活性、速动性的要求，对于继电保护和安全自动装置设计应符合《继电保护和安全自动装置技术规程》（GB/T 14285—2006）的要求。

《电化学储能电站设计规范》（GB 51048—2014）编制时，我国电力储能应用场景较为简单，该标准中没有涉及不同应用场景的继电保护配置原则。近年来我国电力储能场景多样化发展，为适应行业发展需求，建议在标准修订中增补相应内容，完善不同接线型式保护配合原则，细化电池管理系统、储能变流器及监控系统之间的接口、数据的优先级及保护动作先后顺序，并给出配合原则。此外在设备层面，开展直流接触器、直流熔断器的选型及参数匹配问题的研究，提出对设备接口的保护分区、设备参数匹配性校验的要求。

（2）在监控系统方面，《电化学储能电站设计规范》（GB 51048—2014）规定了监控系统应具备的电站监视、控制选择的监控功能要求，提出了相应配置要求。《电化学储能电站监控系统技术规范》（NB/T 42090—2016）对储能变流器、电池管理系统与监控系统交互的信息内容进行了规定。对于监控系统的网络安全，目前主要依据《电力监控系统安全防护规定》（国家发展和改革委员会 2014 年第 14 号令）、《电力监控系统安全防护总体方案》（国能安全〔2015〕36 号文）、《电力监控系统网络安全评估指南》（GB/T 38318—2019）。

随着我国电力储能规模的日益扩大、应用场景的多样化发展，储能电站储能设备之间以及储能设备与监控系统之间的信息交互数据传输总量迅速扩大、准确性和实时性要求也逐级提高，因此建议在现有标准中补充修订关于信息交互方面的要求。同时，一方面开展储能电站设备各环节的抗干扰性研究，在标准编制中补充设备、电缆的选型原则；另一方面，完善电化学储能电站各系统间的信息交互相应标准，对各应用场景下储能系统的交互信息类型及通信要求进行梳理及细化。

## 4.6 辅助系统

储能电站的辅助设施主要包括暖通空调系统、动力照明系统、废液废弃收集处理设备、保安电源等。

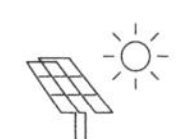

## 1. 安全风险分析

由于电化学储能电站在运行状态和故障状态下会产生某些具有危险性的气相物质并在环境中富集，在某些极端条件下可能会发生安全事故，因此在安全方面，辅助设施需要关注暖通空调系统、动力照明系统、废液废气收集处理设备、保安电源的配置等。

（1）暖通空调系统。

电化学储能电站中的电化学电池在运行状态和故障状态下会产生某些危险性气体物质并在环境中富集，在某些极端条件下可能会发生燃烧或者爆炸。通过暖通空调通风系统可以调整环境空气流速和温度，降低电池热失控喷射出的气液混合物的热量积蓄，降低燃烧爆炸气液混合物的浓度，对于减少轰燃、爆炸发生概率具有重要作用。目前的通风方案还存在以下问题：

1）在电池热失控情况下，不同容量及类型的电池产生的有害气体析出种类及数量不同，对通风系统设计的定量计算带来困难。

2）其次是有害气体监控要求尚不明确，与通风系统连锁控制要求不清晰。由于气体成分复杂，难以对有害气体进行准确监控，无法设计有效的通风系统运行控制模式。

（2）动力照明。

电化学储能电站中的电化学电池在运行状态和故障状态下会产生某些危险性气相物质，比如锂离子电池热失控喷射出可燃气液混合物后，如果现场存在电火花，则有可能造成轰燃、爆炸，因此锂离子电池储能系统所在的环境应配置防爆型照明灯具，且灯具开关、插座等不应产生电火花。

（3）废液废气收集处理设备。

常规使用条件下，锂离子电池、铅酸（炭）电池、液流电池等电化学电池的包装材料都有正常的设计寿命和使用年限，但是当电池经历了机械滥用（安装 / 搬运 / 挪移等操作中的磕碰、挤压、跌落等）、电滥用，以及在长期环境应力（湿度、温度等）作用下，这些电池可能会发生破损、漏液等问题，泄漏出具有危险性的物质。比如液流电池储能系统运行中会产生的微量氢气等危险性气体、锂离子电池和铅酸（炭）电池可能会泄漏的具有一定腐蚀性的电解质，造成模块短路或者机柜支架腐蚀等，产生安全隐患。对于出现故障的电池在从储能系统中更换下来以后，需要放置在安全的环境下。比如液流电池储能系统的电解液、破损或失效的锂离子电池、铅酸电池等，都需要相应的废弃物收集处置方法，如果处置不当就会产生安全问题。

（4）保安电源。

在全站失电或者储能系统故障停机时，消防水泵、自动灭火系统、电动阀门、应急照明、疏散指示等重要负荷，应保证有相关措施保证应急设备的供电及事故情况下的人员疏散。目前保安电源的设计缺乏明确的要求，有可能出现人员安全和设备安全风险。

## 2. 标准化工作建议

《电化学储能电站设计规范》（GB 51048—2014）规定了储能电站的通风与空气调节设计应符合《采暖通风与空气调节设计规范》（GB 50019—2015）及《建筑设计防火规范》（GB 50016—2014）的规定。电池室内不应采用明火取暖，通风空调设备应采用防爆型设备。但是标准中尚未对通风量的设计及通风控制模式有明确规定，应对大容量储能电池在热失控时溢出气体种类及数量进行研究分析，用于通风系统设计及通风控制系统设计，进一步完善现有标准中对于通风系统的设计要求，使通风系统既满足运行安全需要，同时节约运行能耗，提高系统可靠性。

《电化学储能电站设计规范》（GB 51048—2014）规定储能电站的电气照明设计及照明设备安全性应符合相关国家标准、行业标准，并且规定铅酸、液流电池室内的照明应采用防爆型照明灯具，不应在室内装设可能产生电火花的电器。近年来锂离子电池储能电站发生了多起火灾事故，现有标准仅对铅酸、液流电池室的照明有相应规定，还应研究锂离子电池储能系统在动力照明方面的相关要求，并补充到规范中；在保安电源方面，应在标准中针对储能系统对保安电源的供电方式及供电时间、应急照明的照度等相关要求进行细化。

## 4.7 储能消防与应急处理

近年来锂离子电池储能电站发生了多起火灾事故，电池储能电站的防火设计和储能系统消防措施成为储能电站设计中需要关注的重点方向。

### 4.7.1 火灾危险性划分

#### 1. 安全风险分析

电化学储能电池在运行和失控状态中会产生诸多次生物质，表 4–1 列出了目前典型的三类电化学储能电池的组成物质及次生物。不同类型的电化学储能电池因组成物质及次生物不同、燃烧机理差异等原因造成可燃物、火灾过程产物、火灾载荷均不同，这就使得不同类型的电化学储能电池的火灾危险性有较大的差异。比如在失控状态下，铅炭电池、液流电池会产生氢气，当氢气富集到一定程度，可能会产生燃烧爆炸；锂离子电池在热失控状态下会产生大量可燃性气体，也会发生燃烧爆炸。

表 4–1　　典型电化学储能电池的组成物质及次生物

| 电池类型 | 组件物质 | 运行状态的次生物 | 失控状态的次生物 |
| --- | --- | --- | --- |
| 铅炭电池 | 电解液：铅酸溶液<br>隔膜：玻璃纤维<br>正极：铅合金<br>负极：碳素材料 | 氢气 | — |
| 锂离子电池 | 电解液：锂盐、有机溶剂、添加剂<br>隔膜：高分子聚合物<br>正极：钴、镍、锰、钒、铁等氧化物<br>负极：碳素材料 | — | 氧气、一氧化碳、二氧化碳、烷烃类物质 |
| 液流电池 | 电解液：钒液流<br>隔膜：高分子聚合物<br>导电板：碳毡<br>双极板：碳素材料 | 氢气、溴或其他危险性性物质 | 氢气、溴或其他危险性性物质 |

现阶段对于电化学储能电站的火灾危险性一般都不能充分评估。由于电化学储能电池发生起火、燃烧、爆炸需要满足的充分条件、必要条件尚缺乏科学数据的支撑，比如采用磷酸铁锂电池、三元电池、钛酸锂电池构成的储能系统在火灾的触发条件以及火灾危险程度方面是不同的，如何界定不同

类型的电化学储能电池组成的储能系统的火灾危险性还需要深入的试验研究工作。

## 2. 标准化工作建议

火灾危险性是厂房设置防火措施的一个重要基础参数。《建筑设计防火规范（2018 年版）》（GB 50016—2014）根据厂房使用或产生物质的火灾危险性特征对厂房火灾危险程度的划分，按照危险程度依次减弱的顺序划分为甲、乙、丙、丁、戊五类。厂房火灾危险性的划分会影响到防火措施的有效性和合理性。火灾危险性划定过低，将造成防火措施标准偏低，无法有效的控制、扑灭火灾及减少火灾危险；火灾危险性过高，将会造成防火措施标准变高，增加建设成本、造成建设浪费。

根据《建筑设计防火规范（2018 年版）》（GB 50016—2014），需要划分储能电站的火灾危险性。《电化学储能电站设计规范》（GB 51048—2014）中规定电化学储能电池火灾危险性为戊类，戊类在《建筑设计防火规范（2018 年版）》（GB 50016—2014）中的定义为常温下使用或加工不燃烧物质的生产；目前主要类型电化学储能电池内部组件物质及次生物包括了难燃材料和可燃材料（见表 4-1）。电化学储能电池火灾危险性的等级划分根据电池种类的不同，需要进一步予以划分。

应修订《电化学储能电站设计规范》（GB 51048—2014）中对于电化学储能电池火灾危险性的规定，根据不同类型和规模的电化学储能系统在火灾危险性方面的研究结论和评估结果科学划分电化学储能电池的火灾危险性。由于现有标准中不涉及移动式、预制舱式电化学储能电站类型，因此，建议下一步开展移动式的、预制舱式储能系统火灾特性研究，提出移动式、预制舱式电化学储能电站在消防灭火方面的设计要求。

在电化学储能电池的火灾特性方面，建议根据不同类型储能电站的特性，开展装机容量、工况、应用场景下的火灾机理、蔓延规律、火灾载荷、危险性分析等基础性研究。对各类电化学储能电池进行试验验证，从而进行科学、合理、规范的划分，重点研究分析电化学储能电池火灾的危险性，发生火灾或爆炸所

造成的损坏程度，及对相邻建筑及人员造成的潜在危害，重点加强安全设计和危险预防。

### 4.7.2 火灾隔离

#### 1. 安全风险分析

目前电化学储能电站防火设计多数参考建筑设计防火规范、电站防火规范等，未充分考虑电化学储能系统火灾特点。

#### 2. 标准化工作建议

《电化学储能电站设计规范》（GB 51048—2014）规定了电化学储能电站内建、构筑物及设备的防火间距，防火间距阈值选取参照了民用建筑火灾载荷数据。由于标准编制时国内储能消防技术的研究刚刚开始，限于当时的技术水平和有限的工程经验，标准编制时缺乏含电池储能系统的建筑物火灾载荷数据的支撑。

此外，现有标准规定了安全疏散、四周隔墙、室内装修材料的要求，而电化学储能电站火灾一般是由于单体电池热失控经过热蔓延扩展至模组、电池簇造成整个储能系统发生火灾，如果在系统设计中考虑防火分隔措施就更加合理，且能够有效减弱电池的热蔓延程度，为消防、应急处置等争取时间。

建议开展不同类型电化学储能电站的火灾机理、蔓延规律、火灾载荷等基础性研究，建立不同电化学储能电池种类、组合、配置工况下的电站火灾模型，明确电池建筑外部火灾隔离要求和防火间距的阈值范围；根据电池种类、成本、能量要求、阻隔效果等因素综合考虑探究储能系统火灾隔离方案，针对不同类型的储能系统，进一步明确储能电站的火灾隔离方面的规定。

### 4.7.3 灭火设施

#### 1. 安全风险分析

传统火灾种类一般包括固体火灾（A 类）、液体火灾（B 类）、气体火灾（C 类）和电气火灾（E 类）。电化学储能电池由于起火燃烧原因复杂，且电池种类繁多，其火灾特性一般为上述火灾的综合表现形式，尤其是锂离子电池正极的钴、镍、锰、钒、铁等氧化物在受热后还可分解出氧气和一氧化碳等助燃物，因此对于电化学储能电池的火灾不能以单一火灾类型来对待。目前储能系统配套的灭火系统设计中，常常针对单一火灾类型进行设计，灭火系统设计缺乏针对性，灭火系统的效能不明确。目前在灭火系统灭火介质浓度、防护策略、喷射性能要求等方面均不明确，虽然对初期火灾可以起到有效的控制，但是并不能完全有效解决复燃问题。现有的传统灭火手段对于扑灭锂离子电池储能系统的火灾效果有限，建议进一步研究针对锂离子电池储能系统的消防灭火技术。

日本曾经发生过钠硫电池火灾事故，因此日本在钠硫电池储能电站的灭火规定方面，主要依据日本制订的《电力贮存用电池规程》中规定的钠硫电池房灭火设备配置要求。对于其他储能电池，《电力贮存用电池规程》也规定当防火目标物的设置电气设备部分的地面面积在 200m$^2$ 以上时，应附加设置蒸汽喷雾泡沫灭火设备、氢氟烃灭火设备或粉末灭火设备，其中氟烃灭火设备主要为七氟丙烷灭火系统，粉末灭火设备主要为干粉灭火设备。水喷淋系统在国外储能电站的消防设计中也有应用。

国内目前在储能电站的消防设计中，主要应用的消防灭火设备包括七氟丙烷灭火系统、惰性气体灭火系统、悬挂式干粉灭火设备、水喷淋灭火系统等，目前主要存在以下几个问题：

（1）灭火系统的设计浓度不明确。锂离子电池火灾是由电池内部发生不可逆的热失控反应引发的，研究表明锂离子电池火灾是以 B、C 类火为主的复合型火灾，现有灭火系统多参照现行自动灭火系统的国家标准设计，灭火设计浓度偏低，导致灭火效能低下，有复燃现象发生。

（2）灭火系统的灭火策略不精准。锂离子电池火灾蔓延速度快，且热失控会溢出大量可燃气体，存在爆炸的风险，会严重破坏电池室或预制舱结构，现有灭火系统大多采用浸没式灭火方式，未能在锂离子电池发生火灾的初期精准灭火，从而极易导致初期的火灾发展为大规模火灾，甚至发生爆炸。

（3）灭火系统的功能设计无法有效抑制电池复燃。锂离子电池火灾蔓延速度快，火势猛烈，研究表明锂离子电池单体的猛烈燃烧阶段仅持续 5 ~ 10s，但是电池之间的热传导及热失控连锁反应时间却相对更长。现有灭火系统无法调节灭火药剂喷射及灭火药剂停留时间，其对储能系统的有效保护时间偏低，造成了储能系统火灾复燃的概率较高。

（4）灭火系统的灭火效能验证要求未明确。锂离子电池火灾是区别于常规 A、B、C、E 类火灾的复合型火灾，现有灭火系统未依据锂离子电池的实际火灾模型进行灭火效能验证，导致灭火系统设计缺乏针对性，灭火系统的效能不明确。

### 2. 标准化工作建议

现有国家标准或行业标准中对储能电站灭火系统设计的针对性有待加强。《建筑设计防火规范（2018 年版）》（GB 50016—2014）中有关灭火系统设置的条款未直接涉及电化学储能电池。《电化学储能电站设计规范》（GB 51048—2014）在消防给水和灭火设施方面规定了消防给水系统和灭火器及砂池的配置要求，按照该规范要求，锂离子电池室火灾危险性分类为戊级，最低耐火等级为二级，当体积不超过 3000$m^3$ 时，可不设消防给水。

开展储能电池燃烧及灭火试验研究，分析不同类型、不同规模级别的电化学储能电站的火灾特性，以及与之相匹配的耐火防火等级。研究不同介质灭火剂的特点，分析灭火设备对电化学储能电池火灾的适用性，结合电池火灾规律寻找合适高效的灭火方式，进而开发适用于电化学电池储能系统的灭火技术，比如从化学角度出发，研发具有针对性的新型灭火剂和复燃抑制剂；或从物理角度出发，研发快速降温的方式；或从电池热失控特性角度出发，研发针对不同热失控发展阶段、综合多种灭火方式的新技术。根据电化学储能电池的燃烧及灭火试验取得的关键数据和结论，修订、补充现有规范中关于电化学储能电池灭火消防方面的技术要求。

### 4.7.4 火灾探测及消防报警

#### 1. 安全风险分析

火灾探测及消防报警是灭火设施触发、站内运维人员预警、外部救援到场的重要前提及手段。储能电站火灾探测及消防报警目前采用的是传统火灾探测使用的烟感、温感信号，对于储能电站火灾存在的固体、液体、气体、电气综合火灾特征考虑不足，火灾探测及报警效率较低。在报警联动方面，火灾探测及消防报警系统还未实现与 BMS 等电站管理系统的联动，不利于早期火灾预警。

#### 2. 标准化工作建议

《电化学储能电站设计规范》（GB 51048—2014）规定了电站内主要建、构筑物的火灾报警系统类型，电池室宜配置感烟或吸气式感烟探测器。对于可能产生可燃气体的电池，电池室应装设可燃气体报警设备。《全钒液流电池　安全要求》（GB/T 34866—2017），对液流电池堆气体报警做了要求，需配置可燃气体探头，接入通风及消防报警系统。

储能电站火灾探测及消防报警设计应考虑不同类型储能电站的火灾特征参数和阈值范围。在电化学储能电站的火灾探测及消防报警方面，开展火灾产物体系和燃烧临界条件研究，分析不同工况下热失控及火灾前后的电池电压、温度、气体成分等参量的变化规律，确定可以准确表征热失控程度和燃烧阶段的特征参量阈值，结合有效特征参量变化趋势及阈值范围判定热失控和燃烧行为的发展程度，针对自身特点设计，确定合适的探测手段，形成火灾早期预警探测体系，实现火灾探测预警的早期性、有效性和准确性。

根据储能电站火灾研究成果的不断深入，进一步修订现有规范中对于电化学储能电站的火灾探测及消防报警的要求，包括探头的质量及数量配置原则。

### 4.7.5　防排烟

#### 1. 安全风险分析

锂离子电池热失控易产生大量有毒、易燃烟气，在密闭环境中，如遇电火花，具有发生爆炸的风险。防排烟设施可有效疏导烟气流动，避免热量积蓄、降低可燃气体燃烧爆炸临界浓度，是储能系统安全防护的重要基础设施，现有储能电站的防排烟设施主要存在以下问题。

（1）目前尚未厘清锂离子电池热失控逸出烟气及燃烧产物热物性，导致防排烟设计不可靠。锂离子电池热失控会产生大量烟气，这类烟气成分复杂，且烟粒径较木柴、服装等常规可燃物火灾烟气的粒径小很多，而且烟气中还含有汽化的电解液成分。现有防排烟系统的设置大多以常规可燃物火灾事故排烟参数设计，未针对锂离子电池热失控特征烟气进行特殊设计，导致排烟效能不可靠。

（2）锂离子电池烟气防排烟设施未考虑防爆性能化设计。锂离子电池热失控逸出烟气中含有大量氢气、一氧化碳、甲烷、乙炔等可燃气体，该类气体爆炸极限宽，点火能量低，具有较高的爆炸风险。现有储能系统的防排烟设计未考虑锂离子电池烟气的爆炸特性，未采取有效的防爆性能化设计，存在爆炸风险。

（3）锂离子电池储能系统普遍未设置防烟分区。锂离子电池热失控产生的可燃烟气分子量低，扩散性好，易造成火灾、爆炸区域的快速蔓延。现有储能系统暂未设计或建立防烟分区，当锂离子电池发生热失控时，无法将烟气有效控制在相对较小的范围内，易造成事故扩大化，且不利于消防应急救援。

#### 2. 标准化工作建议

《电化学储能电站设计规范》（GB 51048—2014）规定了电池室的通风量，但是并未规定锂离子电池储能电站的防烟、排烟要求。目前的储能电站普遍采用常规建筑防排烟设计，或者没有防排烟设计，造成储能系统出现火灾事故无法及时排解烟气，不利于现场消防灭火。

加强锂离子电池热失控溢出烟气的热物性、扩散蔓延规律、爆炸性能等方面的基础研究，建立锂离子电池火灾烟气防排烟设施设计方法，提出相关技术要求，提高储能系统防排烟效能。根据研究成果，适时修订现有标准中对于电化学储能电站防排烟的相关要求。

### 4.7.6 应急处置及外部救援

#### 1. 安全风险分析

火灾应急救援可将火灾控制在相对较小的范围内，降低和减少人员伤亡和财产损失，是储能电站安全运行必不可少的环节，现有储能系统火灾应急救援主要存在以下问题。

（1）电化学储能电站消防给水设置要求偏低，未能满足锂离子电池火灾长时效灭火要求。锂离子电池火灾呈现由内而外的喷射火形式，且由于外部铝塑膜或硬壳包装的遮挡效应，灭火难度较高，消防射水能效较低。国内外现有研究表明，锂离子电池火灾应使用持续的、大量的消防水扑救或采取其他有效措施，且应注意复燃的风险。因此，储能电站需配置足够的消防给水，以满足锂离子电池储能系统火灾扑救的需要。

（2）电化学储能系统平面布置紧凑，不利于消防救援队伍开展灭火救援。随着电化学储能技术的发展，储能系统的形式呈现多样化，比如近年来广泛应用的预制舱式配置的储能系统等。该类储能系统平面布置紧凑，且未采取隔热措施，或配置的消防措施灭火效能不足；一旦单个储能系统发生火灾，不仅容易造成火灾的扩散蔓延，而且不利于消防救援队伍的现场处置，如国内某火灾事故现场处置过程中，由于储能系统平面布置不合理，消防救援队伍仅能设置一支消防水枪进行灭火，大大降低了火灾扑救的效率。

（3）电化学储能电站火灾应急预案编制指南未建立。锂离子电池火灾具有特殊性，危险系数较大，锂离子电池火灾或热失控的初期响应尤为重要。现有储能系统火灾应急预案大多参考常规火灾应急预案的响应处置程序，未基于锂离子电池火灾行为特征建立专项预案，在应急预案处置程序、处置策略、处

置手段、处置装备等方面尚需进一步完善，易导致储能系统火灾的快速蔓延，造成灾害扩大化。

### 2. 标准化工作建议

在消防给水方面，《电化学储能电站设计规范》（GB 51048—2014）第十一章中规定了电化学储能电站消防给水的要求："11.2.1 电站内建筑物满足耐火等级不低于二级，体积不超过 3000m$^3$，且火灾危险性为戊类时，可不设消防给水"；还规定了锂离子电池室的火灾危险性分类为戊类。基于以上两个规定，锂离子电池室可不设消防给水，这与锂离子电池火灾需持续、大量的消防水扑救的现场实际需求存在差异。

储能电站的应急处置和外部救援设计应充分考虑各类型储能电站的特点，以及考虑消防车通道、消防取水、灭火系统外部接口、直升机停机坪等外部救援需求，应开展各类型储能电站应急处置措施、外部救援方案研究，为储能电站应急处置和外部救援设计提供依据。

针对电化学储能电站，应急处置及外部救援应充分考虑其易复燃特性，注重降温措施，设置外部消防灭火剂注入口，用于应急外部施加灭火剂注入灭火救援。由于电池燃烧时会产生毒性气体，所以还需注意燃烧现场烟雾降解、救援人员个人防护等，因此建议根据相关研究数据和结论来制订具体的防护措施，并在相关标准中提出具体防护要求。

加强锂离子电池火灾扑救效能实验研究，研究消防措施与锂离子电池火灾燃烧强度、热释放速率等参数之间的关系，在相关标准中提出电化学储能电站消防设计要求。

## 4.7.7 劳动安全

劳动安全主要是在储能电站设计中应考虑运行人员、维护人员在站区活动的安全。在现有标准中对电站的生产场所和附属建筑，生活建筑和易燃、易爆的危险场所，以及地下建筑物的防火分区、防火隔断、防火间距、安全疏散和消防通道，防毒、部件抗震、防电伤害、化学伤害等方面均提出了相关规定。

由于电化学储能电池的特殊性，需要重视电化学储能系统正常运行和故障发生时所产生的有毒有害物质对人员的伤害。目前标准中在这方面尚未涉及，因此适时修订现有标准，补充相关规定。

## 4.8 小结

本章梳理了在电化学储能电站设计方面存在的安全风险，分析了现有标准《电化学储能电站设计规范》（GB 51048—2014）中与储能安全相关的规定内容，在该标准修订过程中重点关注电化学储能电站的防火设计和储能系统消防措施。

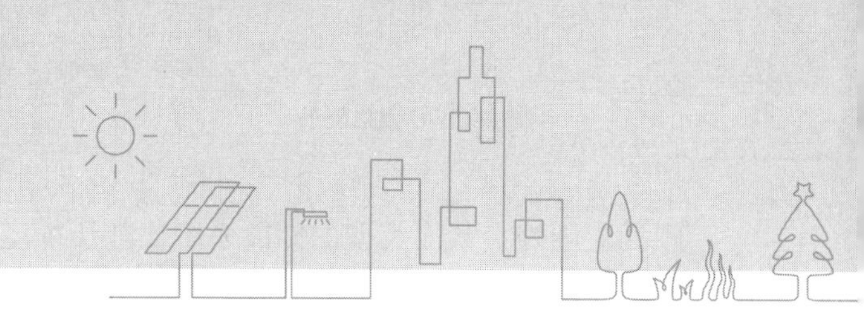

# 5　储能设备安全技术要求

## 5.1　总体情况分析

储能电站中含有大量储能设备及其他电力设备、辅助设施，其中储能设备包括多种类型的储能电池、电池管理系统、储能变流器等。这些储能设备的异常运行状态和故障都可能引发连锁反应，造成储能电站的安全事故。储能设备的安全技术要求是储能设备安全稳定运行的重要保障，对于确保储能电站整体安全，防止发生重大安全事故具有重要的作用。

目前，在电力储能设备的安全性方面，我国已经基本形成完善的标准体系。我国电力储能设备的现行标准见表5–1，这些标准对不同类型的电力储能设备的技术条件、检测、安全性要求等都做出了相应的规定。

表5–1　　我国电力储能设备的现行标准

| 序号 | 标准名称 | 标准编号 |
| --- | --- | --- |
| 1 | 电力储能用锂离子电池 | GB/T 36276—2018 |
| 2 | 电力储能用铅炭电池 | GB/T 36280—2018 |
| 3 | 全钒液流电池　安全要求 | GB/T 34866—2017 |
| 4 | 电化学储能电站用锂离子电池管理系统技术规范 | GB/T 34131—2017 |
| 5 | 全钒液流电池管理系统技术条件 | NB/T 42134—2017 |
| 6 | 电化学储能系统储能变流器技术规范 | GB/T 34120—2017 |

近年来，由于我国电力储能的规模、应用场景都发生了显著变化，储能电站规模扩大、储能系统能量/电压等级提高、电力储能应用场景和储能类型多样化，这些变化对储能设备的技术水平和安全性均提出了更高的要求。在多类型储能系统方面，除了锂离子电池、铅酸（炭）电池、液流电池储能系统获得

广泛应用外，其他类型的储能系统比如压缩空气储能系统、飞轮储能系统，以及梯次利用电池储能系统也取得了应用。需要根据不同类型储能系统的特殊性、技术成熟度及工程应用情况，开展电力储能标准的制修订工作，进一步完善、补充储能设备的安全技术要求，健全我国电力储能标准体系。

本章将分别讨论多类型储能系统、储能电池管理系统、储能变流器可能存在的安全风险，分析目前标准现状，提出下一步标准化工作建议。

## 5.2 锂离子电池储能系统

### 1. 安全风险分析

锂离子电池储能系统的安全风险源从性质上可分为电激源、热激源和机械激源。锂离子电池在经历电滥用（过充、过放、短路等）、热滥用（过热）、机械滥用（挤压、跌落、碰撞等）等各种滥用后，电池内部会发生复杂的物理化学反应、电化学反应，这些反应过程会释放出大量的反应热，促使电池热失控进而起火燃烧，甚至爆炸。这些滥用属于外部因素，当电池本身存在内部缺陷时，也可能出现安全问题，比如电池制造过程中引入电芯内部的颗粒杂质、电池使用过程中出现的锂枝晶现象、电池长期循环使电芯鼓胀变形等都可能造成电池内短路，其后果既造成内短路电池的失效，又引起并联电池组内其他电池的外短路，造成连锁反应。

锂离子电池储能系统的安全风险源除了外部的各种激源和电池本体的内部缺陷外，还可能来自电池成组集成后的串并联结构、系统散热、模组设计施工缺陷、环境因素、容量（功率）标注不准确等。这些均可能使电池处于异常状态而引发安全问题。比如散热结构设计不合理致使某位置电池始终处于较高温度；模组安装施工问题造成电池模组局部的接触电阻大而形成局部热点；电池组长期循环后单体一致性变差，从而使个别电池过充/过放；并联结构的电池经过长期循环后出现电流分流现象造成使个别电池过流等。锂离子电池的包装也是一项安全风险源，除了符合运输、安装、防水防尘等要求外，锂离子电池的包装还应标明电池类型和容量（功率），尤其是梯次利用的电池，更应在包

装上详细标识出电池当前的容量和适用功率要求，否则可能会造成梯次利用电池的电滥用，出现安全问题。

目前国内外已经开展了大量的锂离子电池安全问题的研究，从热失控机理、材料热稳定性、电池热失控副反应等方面分析了锂离子电池安全问题的发生发展规律。在锂离子电池安全问题的危害性评估、安全风险评价方面还有待于深入研究，尤其是需要充分认知在电池模块、电池簇、电池系统等规模更大的层级上锂离子电池安全问题的发生机制、临界条件以及危害性，为锂离子电池储能系统的安全设计及人员防护提供基础和依据。

梯次利用电池储能系统的安全问题近年来逐渐引起关注。现在标准中对于梯次利用电池的安全性要求尚未涉及，比如梯次利用电池在储能应用时，需要特别关注其实际容量、功率及其性能衰退特性，否则梯次利用电池储能系统的容量、功率设计与实际不匹配，就可能造成梯次利用电池的过充、过放现象而出现安全问题。

## 2. 标准化工作建议

《电力储能用锂离子电池》（GB/T 36276—2018）对储能用锂离子电池单体、电池模块、电池簇分别提出相应的安全性技术要求。根据储能应用的特点，从电滥用、热滥用的角度提出了相关试验方法及技术要求，要求电力储能用锂离子电池在各类滥用试验下不起火、不爆炸，并且该标准提出了电池单体和模块层级的热失控试验方法和判定依据，侧重于检测储能用锂离子电池在发生热失控时是否发生起火、爆炸以及电池模块是否发生热失控连锁反应。另外，GB/T 36276 针对机械滥用提出了电池单体和模块层级的挤压测试、跌落测试；针对环境滥用提出了电池模块层级的盐雾与高温高湿测试。还针对电气安全性问题提出了电池模块和电池簇层级的绝缘特性测试、耐压特性测试等。

除了国标外，储能标委会还制订了与储能电池安全性直接相关的中国电力企业联合会标准：《电力储能锂离子电池内短路测试方法》（T/CEC 169—2018）、《电力储能用锂离子电池爆炸试验方法》（T/CEC 170—2018）、《电力储能用锂离子电池烟气毒性评价方法》（T/CEC 371—2020）。

对于电力储能用梯次利用电池系统，由中国电力企业联合会提出、储能标委会归口管理的能源行业标准《电力储能用梯次利用锂离子电池系统技术导则》（DL/T 2315—2021）对梯次利用锂离子电池系统的检测、分级、成组及标定、系统配置、运行维护等环节做出了规定，这些环节多数涉及了梯次利用锂离子电池系统的安全要求，比如应配置监测电路、保护模块、直流断路器、隔离开关、自动安放系统和消防系统等。在国际上，IEC/TC 120 工作组正在计划制订一项关于梯次利用电池储能系统的安全性标准，但目前还处于提案讨论阶段，尚未聚焦具体的标准内容。

现有标准较为全面地体现出电力储能对锂离子电池的安全性要求，下一步将持续跟踪锂离子电池的技术进步和电力储能的新形势、新发展，适时开展标准制订、修订工作，补充在储能设备选型、系统配置方面的规定，开展具有前瞻性的标准计划研究；除了健全、完善电力储能用锂离子电池的安全标准外，还应加大标准的宣贯、应用、推广力度，强化储能设备的标准检测工作，推进储能电池技术创新与标准研制有效结合，开展储能标准化试点示范，促进企业运用标准化方式组织储能工程应用。

另外，在梯次利用储能方面，需适时开展梯次利用电池储能系统性能测试规范、性能评价、安全要求等标准的制订工作，尤其是在相关标准中补充梯次利用电池额定容量、额定功率标识的规定。

## 5.3 铅酸（炭）电池储能系统

传统铅酸电池具有免维护性、良好的高低温性能、耐过充、过放电等特点。铅炭电池是在传统铅酸电池的负极中加入了超级活性炭而产生的新型电池，相比于铅酸电池，铅炭电池具有充放电功率高、循环寿命长等优势。

### 1. 安全风险分析

铅酸（炭）电池的使用，应进行适宜的充放电管理，否则在电滥用（充电电压设置过高等）、热滥用（过热）、机械滥用（跌落等）等各种滥用后，可能会引发安全问题，比如铅酸（炭）电池在机械滥用（如外部撞击或跌落）条

件下，电池外壳发生破损有可能造成电解液泄漏，泄漏的电解液导致电池本体与电池机柜之间的绝缘性能下降，造成局部短路故障，进而引发安全事故。除此之外，铅酸（炭）电池还有可能出现热失控等情况。

### 2. 标准化工作建议

目前我国对于储能用铅酸（炭）电池的安全性要求的标准主要是《电力系统电化学储能系统通用技术条件》（GB/T 36558—2018）、《电力储能用铅炭电池》（GB/T 36280—2018）、《储能用铅酸蓄电池》（GB/T 22473—2008）等。

《电力系统电化学储能系统通用技术条件》（GB/T 36558—2018）中对铅炭电池的安全性要求与《电力储能用铅炭电池》（GB/T 36280—2018）一致。《电力储能用铅炭电池》（GB/T 36280—2018）对铅炭电池本体、电池簇、电池系统三个层级，从电滥用、热滥用、机械滥用等角度提出了安全指标要求，要求在各类滥用试验下铅炭电池不起火、不爆炸。针对电滥用，提出了电池单体层级的过充、过放、耐接地短路能力测试，以及电池簇级别的电压一致性要求；针对热滥用，提出了电池单体层级的热失控敏感性要求，以及电池簇层级的温度一致性要求；针对机械滥用，提出了电池单体层级的抗机械破损能力要求。《储能用铅酸蓄电池》（GB/T 22473—2008）中没有明确提出对于储能用铅酸蓄电池的安全技术要求，但是规定了储能用铅酸蓄电池的包装、运输和贮存的要求。

在铅酸（炭）电池安全性方面，现有的标准针对铅酸（炭）电池的安全性要求设置了本体、电池簇、电池系统三个层级的测试项目，基本满足目前电力储能用铅酸（炭）电池在安全性方面的需求。

## 5.4 液流电池储能系统

液流电池不同于锂离子电池、铅酸（炭）电池，液流电池的本体形式是由盛放电解液的罐体、管道和界面膜等组成。根据电解液的类型，可分为全钒液流电池、锌—溴液流电池、多硫化钠—溴电池、铁—铬电池以及其他类型的液流电池。

### 1. 安全风险分析

液流电池在运行过程中或者在失控状态下会释放出多种气体、液体、粉尘或蒸汽，这些物质可能造成多种风险，比如爆炸性（氢），有毒（溴）或腐蚀性气体等。由于液流电池的活性物质是通过管路传输，并且一般为强酸性液体，因此长期运行条件下会逐渐腐蚀泵体、阀门、管路等部件，进而使这些部件失灵、绝缘与密封性下降，并有可能出现泄漏等问题。

液流电池储能系统的接地故障是一个特殊的问题，存在安全风险。由于液流电池储能系统的电解液处理部件（泵，管道，水箱等）中存有大量电解液，当电池安装点没有直接接地或接触不良时，一旦人员接触到从电解液系统的管道或其他部件泄漏的电解液时就会发生触电事件，或者当电解液从管道或电解液系统的其他部件泄漏时也可能产生安全问题。

### 2. 标准化工作建议

在液流电池储能系统的设计方面，液流电池储能系统应符合《爆炸危险环境电力装置设计规范》（GB 50058—2014）在防爆方面的有关规定，液流电池室内设置防爆器材，在室内下部设置有毒气体报警仪和有害气体吸收装置，其设置位置及高度应符合《石油化工可燃气体和有毒气体检测报警设计规范》（GB 50493—2019）的有关规定。

在液流电池储能系统技术要求方面，液流电池储能系统在正常运行条件及失控状态下，产生的氢气的排放应符合《氢气使用安全技术规程》（GB 4962—2008）的规定。《全钒液流电池通用技术条件》（GB/T 32509—2016）中对于全钒液流电池的过充电保护、过放电保护、氢气浓度、绝缘电阻、阻燃性能等提出了指标要求以及相应的试验方法，对于短路保护、防渗漏等提出了相关要求，但是并未提出具体的试验方法。《电力系统电化学储能系统通用技术条件》（GB/T 36558—2018）中对全钒液流电池的安全性要求与《全钒液流电池通用技术条件》（GB/T 32509—2016）一致。《全钒液流电池　安全要求》（GB/T 34866—2017）规定了全钒液流电池系统的安全性能要求，具体包括在

电气安全要求、气体安全、液体安全、机械安全、安装与运行安全，以及运输、贮存和废弃处置的安全要求，通过以上这些方面的规定，保证液流电池系统在正常使用以及可预见到的误使用情况下的安全工作。

在电池室布置、消防、土建方面，液流电池系统是按照《电化学储能电站设计规范》（GB 51048—2014）的要求来执行，在电池储能系统接地要求方面依据《电气装置安装工程接地装置施工及验收规范》（GB 50169—2016）的规定来执行。对于室外放置的液流电池储能系统，配备连接牢固的防雷接地装置，并符合《建筑物防雷设计规范》（GB 50057—2010）的规定。

下一步应关注液流电池储能系统应用规模扩大后出现的安全风险，当储能系统应用规模扩大后，系统能量 / 电压等级提高，系统配置、贮存的电解液规模也随之扩大，这类电解液往往具有腐蚀性，可能需要以危化品的要求来管控风险。

## 5.5　超级电容器储能系统

超级电容器具有快速充放电、高功率、长寿命的特点，根据超级电容器的工作原理，可分为双电层电容器、赝电容器、混合电容器等多种类型。

### 1. 安全风险分析

超级电容器的安全状态与温度、充电量有关。当温度升高超过超级电容器工作温度范围时，超级电容器内部会加速反应，产生氢气、甲烷等可燃性气体，隔膜也会受热变形，可能使超级电容器发生内短路导致热失控现象而引发火灾事故。超级电容器在过充条件下，也会产生可燃性气体。超级电容器储能系统还有大量超级电容器单体，因一致性差异可能就会导致个别超级电容器出现过充现象。

### 2. 标准化工作建议

在当前的电力储能领域，已发布《电力储能用超级电容器》（DL/T 2080—

2020）、《电力储能用超级电容器试验规程》（DL/T 2081—2020）两项标准。前者规定了电力储能用超级电容器的规格、技术要求和检验规则，其中在超级电容器单体的安全性能方面规定了过充电、过放电、短路、跌落、挤压、加热、低气压、热失控等检验项目，在超级电容器模组的安全性能方面规定了过充电、过放电、短路、跌落、挤压、盐雾与高温高湿、热失控扩散等检验项目；后者本标准规定了电力储能用超级电容器的基本规定、试验准备和试验方法等内容，在超级电容器的安全方面，规定了单体和模组的安全试验方法。

超级电容器储能系统的安全性除了与超级电容器的单体和模块有关外，也与储能系统中的其他电气部件相关，因此建议在已有标准化工作基础上，从系统设计、运行维护、消防灭火等方面进一步完善超级电容器储能系统的安全标准。

## 5.6　压缩空气储能系统

压缩空气储能属于机械储能。压缩空气储能系统包括空气压缩机、膨胀机、蓄热 / 冷设备和储气设备等。在用电低谷时段，利用电能将空气压缩至高压并存于洞穴或压力容器中，使电能转化为空气的内能存储起来；在用电高峰时段，释放高压空气，带动发电机发电。

### 1. 安全风险分析

压缩空气储能属于高压系统，涉及机械压缩、冷热转换等环节，由于压缩空气储能涉及高参数的压缩机、膨胀机、蓄热 / 冷设备，以及带压储罐与附件，这些设备及附件的故障均可能产生安全问题，应充分关注其潜在的安全风险，比如压缩机及其配套各零部件发生异常可能导致空压机故障或空压机爆炸事故的发生。

### 2. 标准化工作建议

由于压缩空气储能的核心装备属于通用机械领域里的带压设备，因此在选型制造方面遵循《压缩空气站设计规范》（GB 50029—2014）、《压力管道规

范 工业管道 第 1 部分：总则》（GB/T 20801.1—2020）、《石油、化学和气体工业用轴流、离心压缩机及膨胀机—压缩机》（API 617）、《固定式压力容器安全技术监察规程》（TSG 21—2016）、《压力容器》（GB 150—2011）等标准。

关于压缩空气储能系统的安全技术要求尚需深化研究，后续将根据压缩空气储能系统的技术发展和工程应用情况，适时编制相关标准。

## 5.7 飞轮储能系统

飞轮储能是一种利用旋转体旋转时所具有的动能来存储能量的机械储能方式。飞轮储能系统包括飞轮储能单元、飞轮储能变流器、辅助设备等。

### 1. 安全风险分析

飞轮储能系统中的高速旋转飞轮转子、飞轮电机的转子轴系，以及飞轮储能变流器的故障均会引发安全问题，具体包括如下内容。

（1）飞轮材料强度失效。飞轮转子高速旋转时飞轮材料强度如果发生失效就会引起结构破坏，飞轮转子的破损部分可能损坏附近设备。

（2）真空失效。真空泵出现故障时，抽气功能下降或丧失，密封容器内的压力逐步升高，高速转子轴系与气体摩擦发热，引发系统运行温度偏离设计工况，引发结构分解破损风险。

（3）轴承失效。当电磁轴承失稳时，转子轴心轨迹偏离设计位置，跌落保护轴承承载；跌落保护轴承在多次重复启动后，保护承载能力不足，轴承过热、保持架破裂、滚珠及滚道过度磨损，出现抱轴等故障。

（4）电机异常发热，电机转子因散热困难，温度逐步上升，磁场减损，电机系统效率降低，发热更多，电机转子热量通过轴系传递给飞轮、磁轴承转子，使得飞轮及电机转子偏离正常工况，引起飞轮强度下降、电磁轴承性能下降。

### 2. 标准化工作建议

目前已经编制完成并发布《电力储能用飞轮储能系统》（T/CEC 331—2020），规定了电力储能用飞轮储能系统分类及工作条件、技术要求、检验方法、检验规则、标志、包装、运输和贮存等方面的要求。

在飞轮储能系统的安全技术要求方面，应根据飞轮储能技术的发展程度以及工程应用情况，推动相关标准编制工作。

## 5.8　氢储能系统

氢储能系统包括电解水制氢系统、储氢系统、燃料电池发电系统、能量管理和控制系统等[1]。氢储能涉及的技术环节多、产业链长。

### 1. 安全风险分析

在我国，氢气被列在危险化学品目录中，需要按照危化品的管理办法使用，同时氢又具有能源属性。氢的各种特性决定了氢储能系统具有不同于常规能源系统的风险特征[2]，比如宽着火范围、低着火能、易泄漏，易爆炸等。另外，氢的扩散系数大、单位体积或单位能量的爆炸能低。

在制氢过程中，由于氢分子小、无色无味，氢发生泄漏时无法通过视觉和嗅觉辨别。在水电解制氢的过程中会产生大量氧气，氧气的密度比空气的密度大，很难扩散，因此会形成富氧环境。在氢的贮存、输送和利用过程中，氢气在管线中流动或者泄漏时，如果氢气管道没有接地或接地不良，或者管道喷口处接地不良，均会产生静电荷，而在可燃气体中，氢气的着火能量是最低的，因此电线绝缘不良、接头不实、不良防爆电气开关和一般电气设备产生的电火花均能引爆氢气。目前，氢站和储氢罐被列为重大危险源。

### 2. 标准化工作建议

目前，中国电力企业联合会已经发布了以下标准。

（1）《电力储能用有机液体氢储存系统技术条件》（T/CEC 372—2020）。该标准规定了电力储能用有机液体氢储存装置的基本结构、功能、性能、

[1] 全球互联网研究院刘海镇等：电网氢储能场景下的固态储氢系统及储氢材料的技术指标研究

[2] http://www.doc88.com/p-90893936237.html

试验等要求，适用于采用有机液体作为介质储存氢气的固定式储氢装置。

（2）《电力储能用固定式金属氢化物储氢装置充放氢性能试验方法》（T/CEC 260—2019）。该标准规定了电力储能用固定式金属氢化物储氢装置的气密性、额定储氢容量、额定充氢速率、额定放氢速率和充放氢循环试验方法，适用于电力储能用固定式金属氢化物储氢装置的充放氢性能试验，包括空气换热型和液体换热型金属氢化物储氢装置。

（3）《氢燃料电池移动应急电源技术条件》（T/CEC 463—2021）规定了氢燃料电池移动应急电源的结构、基本要求、系统性能、试验、标志、储存以及运输要求，适用于380V及以上接口电压等级的氢燃料电池移动应急电源。

下一步继续推动氢储能标准工作，研究制订在电力储能应用场景下在可再生能源制氢、氢储运以及氢能发电等方面的标准，根据电力储能应用场景对氢储能系统安全性的要求制订相应的氢储能系统安全技术标准，为电力储能用氢能源系统安全运行、监控和运行维护提供标准支撑。

## 5.9　储能电池管理系统

储能电池管理系统是电化学储能系统中监测储能电池的电压、电流、温度等参数信息，并对储能电池的状态进行管理和控制的装置。

### 1. 安全风险分析

储能电池管理系统可以实时监测储能电池的当前运行状态，还能通过与储能变流器、储能监控系统实时通信，协同管理和控制储能电池的充放电功率和能量状态，防止电池出现电压超限、电流过大、温度过高或过低等异常工作状态。储能电池管理系统的功能出现故障或者失效会导致对储能电池的误操作，可能引发安全问题，其失效模式有以下几类。

（1）电压检测失效。

连接、压线过程操作不当或接触不良导致电压采集线 / 检测线失效，电池管理系统采集到错误电压信息，会导致对电池过充电、过放电，而电池在过充、过放等电滥用条件下可能会出现安全问题。

（2）电流检测失效。

电流传感器失效会导致电池管理系统采集不到电流或采集到错误的电流值，使电池荷电状态的计算结果出现偏差。电流检测失效可能导致充放电电流过大，使电池温度迅速上升，引发电池鼓胀、漏液甚至热失控。

（3）温度检测失效。

温度检测失效会导致电池管理系统无法及时、准确地监测电池温度，影响或延误电池的热管理，可能会出现个别电池工作温度过高的情况，引发电池鼓胀、漏液甚至热失控。

（4）绝缘监测失效。

在电池发生变形或漏液的情况下都可能造成绝缘失效，如果管理系统没有检测出来，有可能造成人员触电类安全事故。

（5）电磁兼容问题导致通信失效。

电磁干扰会导致电池管理系统的通信功能失效，引发电池电压、电流、温度等监测失效。

（6）SOC 估算偏差大。

目前电池管理系统的荷电状态估计均存在偏差，如果偏差过大就会造成电池管理系统对电池的错误充放电操作，使电池过充、过放而出现安全问题。

除了以上这些情况外，电池管理系统的模拟量采集精度低、采集速度慢、保护参数和策略设置不合理、数据传输丢帧、本地运行状态显示功能失效等问题，都会间接导致电池出现安全问题。

## 2. 标准化工作建议

目前关于电池管理系统方面的标准如下：

（1）《电力系统电化学储能系统通用技术条件》（GB/T 36558—2018）中规定了电池管理系统应具有故障诊断功能、电池保护功能。

（2）《电化学储能电站用锂离子电池管理系统技术规范》（GB/T 34131—2017）规定了电池管理系统应具备状态参数测量、能量状态估算、信息交互、故障诊断、电池电气保护、故障录波等功能，并对状态参数测量、能量状态估

算的测量精度和处理周期做了明确规定，对电池管理系统绝缘耐压性能、耐湿热性能、电磁兼容性能、检验和试验项目有明确规定。

（3）《全钒液流电池管理系统技术条件》（NB/T 42134—2017）规定了全钒液流电池管理系统应具备数据采集、安全管理、信息交互、荷电状态估算、电池单元诊断和处理、应急保护等功能，而且对电池状态参数测量及荷电状态估算精度，对电池管理系统的绝缘耐压、高低温性能以及抗电磁干扰性能均有明确规定。

下一步标准工作将继续完善电池管理系统的电气安全性、系统保护功能等在内的安全要求和测试方法，考虑加入关于安全保护的故障检测项目，保障电池管理系统在供电故障、通信故障、关键元器件失效等异常状况时保持对电池保护功能正常。

## 5.10　储能变流器

储能变流器是在电化学储能系统中，连接电池储能系统与电网（和/或负荷）的实现电能双向转换的装置。储能变流器与储能电池组配套，在输入侧连接电池储能系统，对电池进行充放电管理；在输出侧连接电网，响应上位机的电网调度功率指令。目前储能变流器有多种结构，按照不同的分类方法，可分为两电平、三电平和多电平式，又可分为单级式、多级式、光储一体式、级联式等不同的拓扑结构。

### 1. 安全风险分析

储能变流器的电气安全设计、软件控制策略等对保障储能系统以及电网安全至关重要；直流侧的储能变流器共模电压对储能系统的干扰影响，短路情况下的故障情况下直流分断能力，直流回路大电流拉弧，接地不连续以及电池管理系统与储能变流器的安全协同控制等问题都可能会成为储能系统事故发生的源头或诱因。

（1）储能变流器共模电压对系统的安全具有一定的影响，比如采用两电平拓扑结构的储能变流器可能会导致在储能变流器直流侧和交流侧产生共模电流，直流侧共模电流会对直流回路和电池管理系统以及直流对地的绝缘产生不利的影响，导致电池管理系统控制异常，使得电池监控的控制保护失效以及出现直流绝缘击穿等问题；交流侧共模电流偏大在严重情况下会导致交流漏电保护装置误动作，从而使系统无法稳定运行。

（2）随着储能系统的子单元电池并联数量增加，直流回路的短路电流线性增加，直流回路分断产生直流拉弧现象，不合适的器件选型和设计会产生直流分断点拉弧和短路，导致电气火灾发生。

（3）储能变流器柜体和柜门、钥匙和柜门之间，如果接地电阻较大，会导致接地不连续问题，对人身安全造成隐患。

## 2. 标准化工作建议

目前已发布或在编储能变流器相关的标准见表 5-2，相关标准可分为两类，一类是储能变流器本体设备标准及检测规范，另一类是近年来制订的储能电站接入系统技术规范。

表 5-2　储能变流器相关的标准

| 序号 | 标准号 / 计划号 | 标准名称 |
|---|---|---|
| 1 | GB 51048—2014 | 电化学储能电站设计规范 |
| 2 | GB/T 34120—2017 | 电化学储能系统储能变流器技术规范 |
| 3 | GB/T 34133—2017 | 储能变流器检测技术规程 |
| 4 | GB/T 36547—2018 | 电化学储能系统接入电网技术规定 |
| 5 | GB/T 36548—2018 | 电化学储能系统接入电网测试规范 |
| 6 | T/CEC 465—2021 | 高压电化学储能变流器技术规范 |

《电化学储能电站设计规范》（GB 51048—2014）规定了储能变流器的选型要求，在保护功能方面提出了本体保护、直流侧保护、交流侧保护和其他保护等四类保护配置，然而该规范受限于当时的技术条件没有进一步明确各保护配置的详细技术要求和参数指标要求。《电化学储能系统储能变流器技术规范》（GB/T 34120—2017）在《电化学储能电站设计规范》（GB 51048—2014）的基础上补充更新了对电网适应性、测试和运输等方面的条款，但是对于储能

变流器的保护功能也未给出明确的详细技术要求，例如储能变流器应设置短路保护功能，然而如何检测储能变流器具备该功能，检测方法及技术指标均未涉及。《储能变流器检测技术规程》（GB/T 34133—2017）给出了储能变流器保护功能检测的部分技术要求，并未全部覆盖《电化学储能电站设计规范》（GB 51048—2014）提出的储能变流器的本体、直流侧、交流侧和其他等四类保护配置。《电化学储能系统接入电网技术规定》（GB/T 36547—2018）规定对于接入电网测试项目包含有保护与安全自动装置测试，按照《电化学储能系统接入电网测试规范》（GB/T 36548—2018）或其他相关标准规定进行。《高压电化学储能变流器技术规范》（T/CEC 465—2021）规定了高压电化学储能变流器的分类、环境条件、安全、功能要求、性能指标、标识与文档、包装、运输、储运、检验等要求，适用于无需集成升压变压器、交流侧输出电压等级 6 ~ 35kV 的变流器。

以上这些标准提出了储能变流器的保护功能要求，针对储能变流器存在的安全风险，以及考虑到新的技术应用和新的储能应用场景的出现对于储能变流器在安全方面的新需求，建议从以下 6 个方面开展标准化工作。

（1）完善储能变流器的电气绝缘和安规方面的设计要求，研究制订关于储能变流器共模电压、共模电流方面的安全技术要求，减小共模电压、共模电流对系统安全、稳定性的干扰影响。

（2）补充电池管理系统的产品标准中对储能变流器和电池管理系统的通信控制标准，对电池管理系统和储能变流器系统通信的关键安全互动信号、通信周期、系统联动保护做出明确的定义和要求，以此指导、规范储能变流器厂家的产品和储能系统的设计。

（3）补充对储能变流器的直流侧安全保护、储能变流器直流侧和电池储能系统接入的硬件回路保护的相关要求，进一步明确故障电流分断保护、共模电压限制、直流电流纹波等方面的安全性要求，明确涉网保护的检测项目和检测方法。

（4）修订《电化学储能电站设计规范》（GB 51048—2014）中关于直流侧电压方面的规定。该标准在当时编制的技术背景下确定“直流侧电压不宜高于 1kV”是有意义的，然而随着技术进步，目前 1500V 直流系统技术已经相当成熟，在标准中修订直流侧电压方面的规定内容。另外，1500V 的储能系统的直流安全将会面临更大的挑战，根据系统安全需求应研究制订针对 1500V 的储能变流器的安规方面的要求。

（5）研究制订高压储能变流器的技术要求和测试方法相关标准，推动高压储能变流器的规范化应用。目前《电化学储能系统储能变流器技术规范》（GB/T 34120—2017）和《储能变流器检测技术规程》（GB/T 34133—2017）的适用范围均为低压三相储能变流器，标准中的技术要求和条款对于高压储能变流器并不适用。

（6）研究制订提高储能变流器的电网适应性和友好性的相关标准，进一步提升储能系统接入电网的安全性。

## 5.11 小结

本章分析了多种储能设备目前存在的安全风险以及标准现状。储能设备技术进步快，需要持续跟踪其技术发展状态以及在电力储能领域中出现的新应用场景、应用形态，适时开展相关标准的制订、修订工作；还应加大标准的宣贯、应用、推广力度，强化储能设备的标准检测工作，推进储能设备技术创新与标准工作的有效结合。

另外，还应加大梯次利用电池储能系统的安全标准编制工作力度，以适应梯次利用电池储能技术的发展和市场需求，响应国家大力发展节能环保产业号召，实现资源高效回收与安全循环利用。

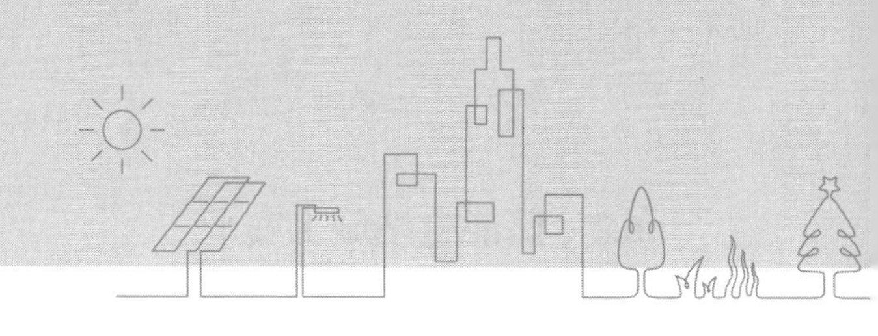

# 6 储能电站施工及验收

## 6.1 总体情况分析

储能电站的施工及验收是电化学储能电站安全启动和长久稳定运行的重要保障，在施工及验收阶段出现的设备故障、操作不当都可能引发安全事故，比如韩国的储能电站火灾事故中就有两例是在施工阶段（见表2-1）发生的。另外，在施工及验收阶段及时发现的安全隐患以及暴露出的质量问题经过排除或整改解决，都会降低后续储能电站的安全风险。因此，开展储能电站施工及验收相关标准工作，规范施工及验收流程、加强施工及验收管理，对于保障储能电站安全，防止出现重大安全事故具有重要意义。

《电化学储能电站施工及验收规范》主要规定了电化学储能电站在施工、设备安装、验收等三个方面的要求，包括：土建工程施工的通用性技术要求；土建工程施工中针对储能装置等特殊需求的专业技术要求；储能电站中通用电气设备的安装与调试的通用技术要求；电化学储能装置安装与调试的专用技术要求；储能电站整体系统调试的技术要求；土建施工及设备安装调试过程中各自针对环境与水土保持的技术要求；土建施工及设备安装调试过程中各自针对的安全与职业健康技术管理规定；设备及储能电站的整体验收技术要求等。

由于近年来我国电力储能的规模、应用场景都发生了显著变化，储能电站施工建设经验有待进一步积累，储能电站的施工方案还处于不断优化与完善过程中。本章将分别讨论储能电站的施工、验收两个阶段存在的安全风险，分析目前标准现状，提出下一步标准工作建议。

## 6.2 储能电站施工安全

储能电站的施工包括土建工程施工、电气设备安装、设备和系统调试等，其中储能设备安装调试、运输、搬运和贮存等环节都与安全相关。

### 1. 安全风险分析

（1）安装、调试。

储能设备不同于其他电力设备，比如锂离子电池、铅酸（炭）电池、液流电池等均为含能带电物体。在安装、调试过程中，储能设备的串并联数量增多，能量和电压等级都会逐级提高。对储能设备的误操作、意外动作等都可能引发储能设备的安全事故，比如电池连接件安装的次序，安装前应测量确认电池正负极，防止极性反接，电池与电缆连接处应有绝缘防护罩，在安装过程中注意避免磕碰，保持电器连接的紧固等，在安装、调试过程中需要严格遵守安装调试要求和流程。另外，还应有防止操作人员误操作、滑倒、绊倒或跌落的措施及提示标识，在安装、调试时应注意个人安全防护。

（2）设备运输、搬运和贮存。

储能设备在运输过程中，包装箱应做好限位固定，防止因出现颠簸、滑动而损坏设备和相关配件；在装卸以及搬运过程中应注意避免跌落、碰撞、挤压等现象，防止对储能设备造成机械损伤；在搁置、贮存时应注意保持周围环境干燥通风、远离尘埃，避免接触易燃易爆物质；储能系统及其零部件应符合包装箱上储运标识牌的规定，对电池模块和电解液放置区域的温度也应满足相应要求。

### 2. 标准化工作建议

《电气装置安装工程　蓄电池施工及验收规范》（GB 50172—2012）基本涵盖了蓄电池施工应制订安全技术措施，分别对阀控式密封铅酸蓄电池组、镉镍碱性蓄电池组的安装提出安全相关要求；《全钒液流电池安装技术规范》（NB/T 42145—2018）对全钒液流电池安装提出安全要求；《电气装置安装工

程　电力变流设备施工及验收规范》（GB 50255—2014）对变流设备运输和存放提出一般性要求，对变流设备的安装及试验、冷却系统的安装提出了要求。

以上这些标准对于铅酸蓄电池、全钒液流电池、电力变流设备等提出了施工安全要求。《电化学储能电站施工及验收规范》中针对电化学储能电站施工阶段的电气设备安装、设备和系统调试、验收等做出了相应规定。

近年来我国预制舱式储能电站获得快速发展，在预制舱储能设备的搬运、吊装过程中，设备的倾斜角度 / 高度限制、吊索的强度 / 长度、起吊实施方式等细节均和施工安全息息相关。

针对以上储能电站在施工安全方面的标准现状，下一步标准工作将研究制订不同类型储能电站在储能设备安装、运输、搬运和贮存在内的施工安全要求，以及预制舱式储能电站施工过程中预制舱储能设备的搬运、吊装等安全要求相关标准。

## 6.3　储能电站验收安全

储能电站的验收包括单位工程验收、工程启动验收、工程移交生产、工程竣工验收以及专项验收等。

### 1. 安全风险分析

储能系统的验收工作主要是依据现有标准对于储能设备的技术要求、储能系统并网测试及技术规定等实施的，目的在于验证储能系统关键指标能否满足采购要求，验证电池储能系统实际接入电网前是否满足国标的并网性能要求，验证储能电池在系统中的实际运行参数设定值与型式试验参数值是否一致等。

目前在储能电站验收安全方面存在的主要问题是防火设计及消防系统的验收，现在还没有相应的国家以及行业标准。

### 2. 标准化工作建议

对于储能设备的验收，目前是依据储能设备通用技术条件等相关标准来执行，与储能设备验收相关的标准有《电气装置安装工程　蓄电池施工及验收规范》（GB 5017—2012）、《电气装置安装工程　电力变流设备施工及验收规范》（GB 50255—2014）等，这些标准分别规定了蓄电池的质量验收要求，包括验收阶段的检查项目以及应提交的技术文件，以及电力变流设备工程交接验收的检查项以及应提供的资料和文件。

《电化学储能电站施工及验收规范》规定了电化学储能电站验收的一般要求、单位工程验收、工程启动验收和试运、工程移交生产验收、工程竣工验收等详细验收要求，并且涉及了施工验收过程中的劳动安全与职业健康要求，但是没有对于验收人员的安全防护做出具体要求。除此之外，还需要设计相应的专项验收方案，进一步完善相关标准。

根据目前我国储能电站验收环节存在的安全风险以及标准现状，建议开展如下标准相关工作。

（1）研究制订对于多类型储能电站验收过程中保障设备安全的要求。

（2）深入研究电化学储能电站的火灾过程产物、火灾载荷及火灾特征，研究有效控制、扑灭储能系统火灾的消防灭火技术及要求。

## 6.4　小结

本章分析了电化学储能电站在施工和验收两方面可能存在的安全问题以及标准现状，建议研究制订多类型储能电站验收过程中设备安全要求的相关标准；持续跟踪电化学储能系统的消防灭火技术和消防系统研究进展，提出电化学储能电站的消防验收技术要求。

# 7 储能电站运行维护

## 7.1 总体情况分析

储能电站的运行维护主要包括储能电站的监视、运行控制、巡视检查、维护、异常运行及故障处理等。储能电站中含有大量储能设备，在储能电站的运行维护中，应重点关注电化学储能设备及其他储能设备（储能电池管理系统、储能变流器）的异常运行状态和故障。通过运行维护及时排查异常运行原因、妥善处理设备故障，使储能电站处于良好工作状态，为储能电站的安全稳定运行提供保障。

《电化学储能电站运行维护规程》（GB/T 40090—2021）、中国电力企业联合会标准《分布式电化学储能系统运行维护规程》（T/CEC 252—2019）详细规定了电化学储能电站、分布式储能电站的监视、运行控制、巡视检查、维护、异常运行及故障处理等相关要求。

本章主要讨论储能电池、储能电池管理系统、储能变流器，以及空调和消防系统等设备的异常运行和故障产生的安全隐患，分析现有标准的相关规定，提出下一步标准工作建议。

## 7.2 安全风险分析

### 1. 储能电池

在储能系统运行期间，储能电池可能会出现欠压、过压、温度过高、壳体变形鼓胀等异常状态，以及短路、出现异味、电解液泄漏等故障。液流电池储能系统会出现电解液泄漏或者喷溅、电解液循环系统故障和热管理系统故障等。另外，不同类型的电化学储能系统在运行状态以及失控状态均会产生有危险性的次生物质（见表 4–1），这些次生物质富集后可能具有安全隐患。

### 2. 储能电池管理系统

储能电池管理系统的异常状态有通信异常、显示异常、电池状态估算误差过大等。当储能电池管理系统出现这些异常情况时，可能会对储能电池造成误操作，比如过充、过放等导致电池失效，引发安全问题。

### 3. 储能变流器

储能变流器在运行工作状态会出现变流器模块报警、变流器温度报警以及变流器通信异常等异常状态，也可能出现异响、指示灯故障、冷却风机故障和接头严重过热等故障。

### 4. 空调

储能电站的空调系统可能会出现制冷异常，无法及时对储能系统降温，可能导致电池因过热而出现安全问题。

### 5. 消防系统

消防系统一般包括探测部分、管路部分、灭火介质贮存部分、控制部分等。在储能系统的工况运行环境下，探测部分、控制部分可能会受到储能系统信号线、动力线、电池管理系统等产生的电磁干扰，或者因设计缺陷等产生误报警，使消防系统误动作；管路部分、灭火介质贮存部分也可能会产生泄漏，这些都可能产生安全问题。

## 7.3　标准化工作建议

《电化学储能电站运行维护规程》（GB/T 40090—2021）规定了储能电站的监视、运行控制、巡视检查、维护、异常运行及故障处理等技术要求，适用

于额定功率不小于500kW且额定能量不小于500kW·h的电化学储能电站；中国电力企业联合会标准《分布式电化学储能系统运行维护规程》（T/CEC 252—2019）规定了分布式电化学储能系统的运行维护要求，适用于通过35kV及以下电压等级接入电网的新建、改（扩）建的分布式储能电站。

现有标准中对于储能电池产生的危险性液体、气体的回收处理设备及处理措施没有明确规定，建议补充制订对于破损电池及泄漏物质的应对、处理办法；研究关于储能电池管理系统、储能变流器、消防系统故障的检测判断方法。

对于液流电池储能系统，现有标准中未对液流电池储能系统漏液、腐蚀、部件老化等可能引发安全问题的现象的检测判断方法，以及短路保护功能的检测方法做出规定，这导致在系统运行维护检查时无法对潜在的安全风险做出有效判断，这不利于液流电池储能系统的长期安全运行。下一步应研究液流电池漏液、腐蚀的检测方法以及部件老化的检测要求，制订液流电池储能系统在漏液、腐蚀、部件老化、短路保护功能等方面的检测标准。

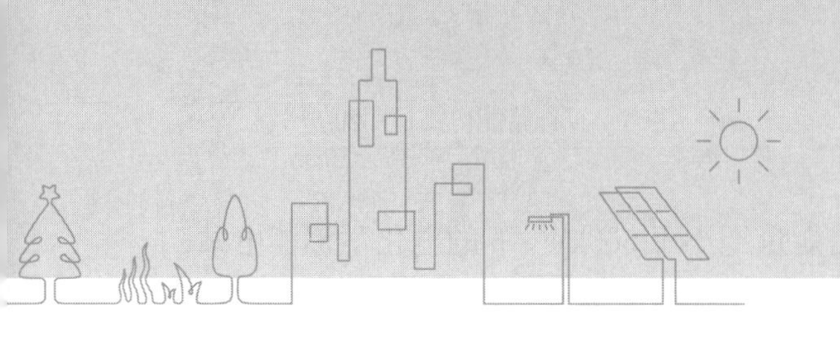

# 8 储能设备检修

## 8.1 总体情况分析

储能设备检修包括电池储能系统、储能变流器、储能监控系统以及消防、暖通等重要辅助设施的检修，检修项目主要包括储能设备充放电能量及效率测试、储能电池更换与电池离线均衡等，检修工作中的安全风险包括设备安全风险和人身安全风险。

对于储能设备的检修安全，现在参照的是《电力安全工作规程　发电厂和变电站电气部分》（GB 26860—2011）和《电力建设安全工作规程　第 2 部分：电力线路》（DL 5009.2—2013），然而这些标准只能满足储能设备检修过程的通用安全性要求，无法满足储能设备的专项要求。正在编制的《电化学储能电站检修规程》（20203859-T-524）拟对电池储能系统、储能变流器等设备的检修方法提出具体规定。

本章主要讨论电池储能系统、储能变流器中存在的设备和人员安全风险，分析现有标准的相关检修安全内容，提出下一步标准工作建议。

## 8.2 锂离子电池储能系统

### 1. 安全风险分析

锂离子电池储能系统的检修项目包括电池一致性检查、离线均衡、电池更换和电池管理系统检修等。由于电池是能量存储设备，无论断电与否都带电，因此其在电池离线均衡、更换等检修操作中存在由于操作不当发生检修人员触电的风险。在充放电能量测试过程中，也可能出现由于单体电池过充或过放，导致电池

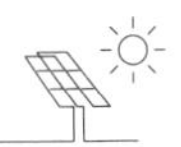

发生冒烟、起火、燃烧、爆炸等情况，并对人身造成中毒、窒息、腐蚀、灼伤等伤害。由于锂离子电池储能系统多采用电池模组作为基本组成单元，电池模组在搬运过程中如不慎跌落，不但会砸伤检修人员，而且可能也会有冒烟、起火、爆炸的风险，对其他储能设备和周围环境造成影响。由于电池管理系统通常与锂离子电池集成在一起构成电池储能模组，在电池管理系统插拔、接线过程中可能会发生由于静电放电导致电池管理系统电路板损坏的风险。因此，需要对锂离子电池检修中的安全措施进行规范，防止检修过程中人身伤害和设备损坏情况的发生。

### 2. 标准化工作建议

加快《电化学储能电站检修规程》（20203859-T-524）的编制工作，考虑从设备和人员两个角度补充完善锂离子电池储能系统的检修安全要求，为储能设备安全检修提供参考依据。

## 8.3 铅酸（炭）电池储能系统

### 1. 安全风险分析

与锂离子电池储能系统类似，铅酸（炭）电池储能系统的主要检修项目包括电池一致性检查、离线均衡和电池更换、电池管理系统检修等，其检修也存在类似的安全风险，铅酸（炭）电池储能系统在电池均衡、更换等检修操作中同样有触电危险。但由于铅酸（炭）电池的组成为无机的酸液电解质，在充放电能量测试过程中单体电池过充或过放导致热失控时，一般不会发生起火、燃烧、爆炸的情况，但铅酸（炭）电池在热失控时会释放大量酸雾，可能造成人员灼伤、设备和厂房被腐蚀破坏，以及空气污染问题等。另外，由于铅酸（炭）电池单体沉重，在搬运过程中如不慎跌落，不但会砸伤检修人员，也会有冒烟、释放酸雾的风险，从而对检修人员造成二次伤害。此外，由于铅酸（炭）电池储能系统的电池管理系统电压、温度信号线较多，在插拔接线的过程中可能会发生信号线短路的风险，造成铅酸电池短路，静电放电也可能导致电池管理系统电路板损坏。

### 2. 标准化工作建议

目前铅酸（炭）电池储能系统的检修主要参考其作为通信用备用电源、电力系统备用电源的相关标准。与通信用后备电源、电力系统后备电源等应用相比，电力储能用的铅酸（炭）电池储能系统的规模相对更大，需要专门针对铅酸(炭)电池储能系统编制检修标准，检修工作中的安全要求也应比作为后备电源的检修安全要求更高。

在《电化学储能电站检修规程》（20203859-T-524）的编制过程中，参考后备电源用铅酸（炭）电池的检修标准，综合考虑铅酸（炭）电池储能系统的特殊性，完善检修项目和安全作业注意事项，从设备和人员两个角度规范铅酸(炭)电池储能系统检修安全措施，为铅酸（炭）电池储能系统安全检修提供依据。

## 8.4 液流电池储能系统

### 1. 安全风险分析

液流电池储能系统具有由电解液储罐、循环管路、电堆、循环泵、法兰、阀门、支架等组成的电解液循环系统，以及相应的电解液冷却系统。检修项目与锂离子电池和铅酸（炭）电池储能系统相比有较大差异，包括电解液循环系统检修、电解液冷却系统检修、电堆检修、电池管理系统检查、电解液检测与调配等。

与锂离子电池和铅酸（炭）电池储能系统不同，液流电池储能系统在检修过程中不会发生热失控情况，但因其电解液循环系统结构复杂，电解液储罐、管路、电堆、循环泵等都可能出现漏点，使得在储液罐和管路维修、电堆更换及充放电能量测试过程中存在由于管路泄漏导致电解液喷溅检修人员的风险，电解液喷溅严重时会对检修人员的呼吸系统和皮肤造成腐蚀性伤害。

液流电池储能系统的支架、管路、储罐检修时多为高空作业，具有发生坠落事故的风险。在对电堆更换过程中，由于电堆单体沉重，如不慎跌落，会砸伤检修人员。在对导流槽和积液池进行防腐涂层修复时，也可能发生检修人员被防腐液体喷溅导致的腐蚀危险，防腐液体挥发的气体也会对检修人员造成伤害。

液流电池储能系统检修过程中也存在设备安全风险，例如短路造成的电堆损坏，电解液大面积泄漏造成的厂房、设备酸雾腐蚀等，这些安全风险都需要有相应的安全防护措施。

### 2. 标准化工作建议

在《电化学储能电站检修规程》（20203859–T–524）的编制过程中，综合考虑液流电池储能系统的特殊性，制订检修项目和安全作业注意事项，从设备和人员两个角度规范液流电池储能系统的检修安全措施，为液流电池储能系统安全检修提供参考依据。另外，由于液流电池的电解液在运行过程中状态变化明显，可据此开展液流电池储能系统状态评估和状态检修方面研究和标准制订工作，为液流电池储能系统安全检修提供更多的技术手段和安全保障。

## 8.5 储能变流器

### 1. 安全风险分析

储能变流器检修同样存在设备和人员两类安全风险。在储能变流器的检修过程中，可能存在由于交直流短路造成设备损坏的风险，由于储能变流器用 IGBT 的门极非常脆弱，在检修或更换 IGBT 过程中可能发生由于静电放电导致 IGBT 损坏的风险，储能变流器电路板也存在静电破坏的问题。在人员安全方面，存在检修人员由于开关未断开引起的交直流触电的风险，同时在检修储能变流器电容、电感等电路元件过程中，如未对电路元件完全放电，也存在检修人员遭受电击的风险。

### 2. 标准化工作建议

在《电化学储能电站检修规程》（20203859–T–524）的编制过程中，考虑补充完善储能变流器的检修项目和安全作业注意事项，从设备和人员两个角度规范储能变流器的检修安全措施，为储能变流器的安全检修提供参考依据。

## 8.6 小结

本章分析了储能设备（多类型电池储能系统、储能变流器）在检修方面可能存在的安全风险以及标准现状。储能设备是带电物体，不同于其他电力设备，其检修工作具有特殊性。在《电化学储能电站检修规程》（20203859-T-524）的编制过程中，补充完善对于储能设备安全检修方面的要求，指导和规范储能设备的安全检修工作。

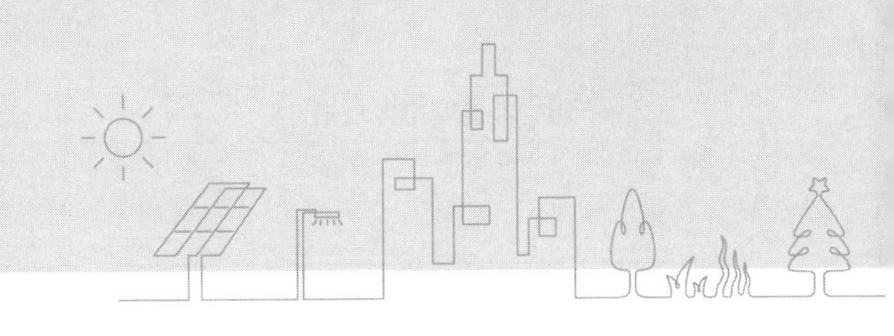

# 9 储能标准体系建设

## 9.1 我国电力储能标准现状

自 2011 年起，我国开始储能相关标准的编制工作。2014 年，储能标委会（SAC/TC 550）成立，负责我国储能标准的制修订工作。截至当前，储能标委会归口管理储能国家标准 20 项，其中发布 12 项、1 项正在报批，7 项正在编制；归口管理储能行业标准 23 项，其中发布 18 项、5 项正在编制，储能标委会归口管理电力储能国家标准分别见表 9–1、表 9–2。

表 9–1　储能标委会归口管理电力储能国家标准

| 序号 | 标准号 / 计划号 | 标准名称 | 进度 |
|---|---|---|---|
| 1 | GB/T 34120—2017 | 电化学储能系统储能变流器技术规范 | 已发布 |
| 2 | GB/T 34131—2017 | 电化学储能电站用锂离子电池管理系统技术规范 | 已发布 |
| 3 | GB/T 34133—2017 | 储能变流器检测技术规程 | 已发布 |
| 4 | GB/T 36276—2018 | 电力储能用锂离子电池 | 已发布 |
| 5 | GB/T 36280—2018 | 电力储能用铅炭电池 | 已发布 |
| 6 | GB/T 36545—2018 | 移动式电化学储能系统技术要求 | 已发布 |
| 7 | GB/T 36547—2018 | 电化学储能系统接入电网技术规定 | 已发布 |
| 8 | GB/T 36548—2018 | 电化学储能系统接入电网测试规范 | 已发布 |
| 9 | GB/T 36549—2018 | 电化学储能电站运行指标及评价 | 已发布 |
| 10 | GB/T 36558—2018 | 电力系统电化学储能系统通用技术条件 | 已发布 |
| 11 | GB/T 40090—2021 | 储能电站运行维护规程 | 已发布 |
| 12 | 建标〔2013〕6 号 | 电化学储能电站施工及验收规范 | 报批 |
| 13 | GB 51048—2014 | 电化学储能电站设计规范 | 已发布 |
| 14 | 20202618—T—524 | 电化学储能电站安全技术导则 | 在编 |
| 15 | 20203859—T—524 | 电化学储能电站检修规程 | 在编 |
| 16 | 20204056—T—524 | 移动式储能电站通用规范 | 在编 |

续表

| 序号 | 标准号 / 计划号 | 标准名称 | 进度 |
|---|---|---|---|
| 17 | 20204670—T—524 | 电化学储能电站建模导则 | 在编 |
| 18 | 20204671—T—524 | 电化学储能电站并网性能评价方法 | 在编 |
| 19 | 20204672—T—524 | 电力储能系统术语 | 在编 |
| 20 | 20204673—T—524 | 电力储能用电池管理系统 | 在编 |

表 9-2　储能标委会归口管理能源行业标准

| 序号 | 标准号 / 计划号 | 标准名称 | 进度 |
|---|---|---|---|
| 1 | NB/T 33014—2014 | 电化学储能系统接入配电网运行控制规范 | 已发布 |
| 2 | NB/T 33015—2014 | 电化学储能系统接入配电网技术规定 | 已发布 |
| 3 | NB/T 33016—2014 | 电化学储能系统接入配电网测试规程 | 已发布 |
| 4 | NB/T 42089—2016 | 电化学储能电站功率变化系统技术规范 | 已发布 |
| 5 | NB/T 42090—2016 | 电化学储能电站监控系统技术规范 | 已发布 |
| 6 | NB/T 42091—2016 | 电化学储能电站用锂离子电池技术规范 | 已发布 |
| 7 | DL/T 1815—2018 | 电化学储能电站设备可靠性评价规程 | 已发布 |
| 8 | DL/T 1816—2018 | 电化学储能电站标识系统编码导则 | 已发布 |
| 9 | DL/T 1989—2019 | 大容量电池储能站监控单元与电池管理系统通信协议 | 已发布 |
| 10 | DL/T 2080—2020 | 电力储能用超级电容器 | 已发布 |
| 11 | DL/T 2081—2020 | 电力储能用超级电容器试验规程 | 已发布 |
| 12 | DL/T 2082—2020 | 电化学储能系统溯源编码规范 | 已发布 |
| 13 | DL/T 5810—2020 | 电化学储能电站接入电网设计规范 | 已发布 |
| 14 | DL/T 5816—2020 | 分布式储能系统接入配电网设计规范 | 已发布 |
| 15 | DL/T 2313—2021 | 参与辅助调频的电厂侧储能系统并网管理规范 | 已发布 |
| 16 | DL/T 2314—2021 | 电厂侧储能系统调度运行管理规范 | 已发布 |
| 17 | DL/T 2315—2021 | 电力储能用梯次利用锂离子电池系统技术导则 | 已发布 |
| 18 | DL/T 2316—2021 | 电力储能用锂离子梯次利用动力电池再退役技术条件 | 已发布 |
| 19 | 能源 20200098 | 电力储能基本术语 | 在编 |
| 20 | 能源 20200099 | 电化学储能电站建模导则 | 在编 |
| 21 | 能源 20200100 | 电化学储能电站模型参数测试规程 | 在编 |
| 22 | 能源 20200490（修订 NB/T 33015—2014） | 用户侧电化学储能系统接入配电网技术规定 | 在编 |
| 23 | 能源 20200491（修订 NB/T 42091—2016） | 电化学储能用锂离子电池状态评价导则 | 在编 |

2015 年 3 月，国务院印发《深化标准化工作改革方案》（国发〔2015〕13 号）

提出了培育发展团体标准，鼓励具备相应能力的学会、协会、商会、联合会等社会组织和产业技术联盟协调相关市场主体共同制订满足市场和创新需要的标准，供市场自愿选用，增加标准的有效供给。储能相关的各学协会、产业联盟积极响应国家号召，开展团体标准编制。截至当前，储能标委会归口管理中国电力企业联合会储能相关团体标准 51 项，其中 36 项发布、15 项正在编制，内容涉及铅酸电池二次利用、锂离子电池性能测试、储能监控、分布式储能等方面，储能类型涉及电化学储能、超导储能、飞轮储能等多种类型，储能标委会归口管理中电联团体标准具体见表 9-3。

表 9-3　储能标委会归口管理中电联团体标准

| 序号 | 标准号 / 计划号 | 标准名称 | 进度 |
|---|---|---|---|
| 1 | T/CEC 131.1—2016 | 铅酸蓄电池二次利用　第 1 部分：总则 | 已发布 |
| 2 | T/CEC 131.2—2016 | 铅酸蓄电池二次利用　第 2 部分：电池评价分级及成组技术规范 | 已发布 |
| 3 | T/CEC 131.3—2016 | 铅酸蓄电池二次利用　第 3 部分：电池修复技术规范 | 已发布 |
| 4 | T/CEC 131.4—2016 | 铅酸蓄电池二次利用　第 4 部分：电池维护技术规范 | 已发布 |
| 5 | T/CEC 131.5—2016 | 铅酸蓄电池二次利用　第 5 部分：电池贮存与运输技术规范 | 已发布 |
| 6 | T/CEC 131.6—2020 | 铅酸蓄电池二次利用　第 6 部分：电池模块技术规范 | 已发布 |
| 7 | T/CEC 131.7—2020 | 铅酸蓄电池二次利用　第 7 部分：便携式移动储能系统技术规范 | 已发布 |
| 8 | T/CEC 131.8—2020 | 铅酸蓄电池二次利用　第 8 部分：储能电池管理系统技术规范 | 已发布 |
| 9 | T/CEC 131.9—2020 | 铅酸蓄电池二次利用　第 9 部分：家庭级储能系统技术规范 | 已发布 |
| 10 | T/CEC 131.10—2020 | 铅酸蓄电池二次利用　第 10 部分：社区级储能系统技术规范 | 已发布 |
| 11 | T/CEC 131.11—2020 | 铅酸蓄电池二次利用　第 11 部分：电极板硫酸盐化检测技术规范 | 已发布 |
| 12 | T/CEC 168—2018 | 移动式电化学储能系统测试规程 | 已发布 |
| 13 | T/CEC 169—2018 | 电力储能用锂离子电池内短路测试方法 | 已发布 |
| 14 | T/CEC 170—2018 | 电力储能用锂离子电池爆炸测试方法 | 已发布 |
| 15 | T/CEC 171—2018 | 电力储能用锂离子电池循环寿命要求及快速检测试验方法 | 已发布 |
| 16 | T/CEC 172—2018 | 电力储能用锂离子电池安全要求及试验方法 | 已发布 |

续表

| 序号 | 标准号 / 计划号 | 标准名称 | 进度 |
| --- | --- | --- | --- |
| 17 | T/CEC 173—2018 | 分布式储能系统接入配电网设计规范 | 已发布 |
| 18 | T/CEC 174—2018 | 分布式储能系统远程集中监控技术规范 | 已发布 |
| 19 | T/CEC 175—2018 | 电化学储能系统方舱设计规范 | 已发布 |
| 20 | T/CEC 176—2018 | 大型电化学储能电站电池监控数据管理规范 | 已发布 |
| 21 | T/CEC 260—2019 | 电力储能用固定式金属氢化物储氢装置充放氢性能试验方法 | 已发布 |
| 22 | T/CEC 330—2020 | 电化学储能系统并网特性符合性评价导则 | 已发布 |
| 23 | T/CEC 331—2020 | 电力储能用飞轮储能系统 | 已发布 |
| 24 | T/CEC 370—2020 | 电化学储能电站调频与调峰控制技术规范 | 已发布 |
| 25 | T/CEC 371—2020 | 锂离子电池烟气毒性评价方法 | 已发布 |
| 26 | T/CEC 372—2020 | 电力储能用有机液体氢储存系统技术条件 | 已发布 |
| 27 | T/CEC 5024—2020 | 电化学储能电站施工图设计内容深度规定 | 已发布 |
| 28 | T/CEC 5025—2020 | 电化学储能电站可行性研究报告内容深度规定 | 已发布 |
| 29 | T/CEC 5026—2020 | 电化学储能电站初步设计内容深度规定 | 已发布 |
| 30 | T/CEC 460—2021 | 电化学储能电站锂离子电池维护导则 | 已发布 |
| 31 | T/CEC 461—2021 | 电化学储能电站用锂离子电池性能检测操作规程 | 已发布 |
| 32 | T/CEC 462—2021 | 高寒地区电化学储能设施运行维护技术规范 | 已发布 |
| 33 | T/CEC 463—2021 | 氢燃料电池移动应急电源技术条件 | 已发布 |
| 34 | T/CEC 464—2021 | 预制舱式锂离子电池储能系统消防灭火装置技术要求及检测方法 | 已发布 |
| 35 | T/CEC 465—2021 | 高压电化学储能变流器技术规范 | 已发布 |
| 36 | T/CEC 5042—2021 | 高寒地区电化学储能设施安装检验技术规范 | 已发布 |
| 37 | T/CEC 20170224 | 超导电缆及线路性能试验技术导则 | 在编 |
| 38 | T/CEC 20182097 | 电力储能用固态锂离子电池安全要求及试验方法 | 在编 |
| 39 | T/CEC 20182099 | 电化学储能电站安全规程 | 在编 |
| 40 | T/CEC 20182101 | 电化学储能电站并网安全条件及评价规程 | 在编 |
| 41 | T/CEC 20182102 | 电化学储能电站接入电网继电保护配置技术条件 | 在编 |
| 42 | T/CEC 20182103 | 电化学储能电站检修试验规范 | 在编 |
| 43 | T/CEC 20191121 | 参与调频的电源侧电化学储能系统运行管理规范 | 在编 |
| 44 | T/CEC 20191122 | 用户侧锂离子电池储能系统安全性评估规范 | 在编 |
| 45 | T/CEC 20193001 | 电化学储能电站检修规程 | 在编 |
| 46 | T/CEC 20201054 | 电化学储能电站竣工验收导则 | 在编 |
| 47 | T/CEC 20201056 | 电力储能用锂离子电池模块热失控连锁反应试验方法 | 在编 |
| 48 | T/CEC 20201058 | 飞轮储能电站设计规范 | 在编 |

续表

| 序号 | 标准号 / 计划号 | 标准名称 | 进度 |
|---|---|---|---|
| 49 | T/CEC 20202002 | 电力储能用锂离子电池监造导则 | 在编 |
| 50 | T/CEC 20202003 | 电化学储能电站技术监督导则 | 在编 |
| 51 | T/CEC 20203028 | 有机液体储氢载体 | 在编 |

## 9.2 我国电力储能标准体系

目前，我国已经建立了以国家标准、行业标准和中国电力企业联合会标准及其他团体标准构成的相对完备的标准体系，基本满足我国电力储能应用需求，适应我国电力储能特点和发展水平。同时，在研究制订相关标准过程中，充分考虑了国际电力储能标准制订工作的现状和工作进展，借鉴了国际电力储能标准制订的思路和经验。

虽然电力储能涉及技术领域众多，涵盖多种储能类型以及不同的应用功能，但储能工程应用都包含规划设计、施工及验收、运行维护、检修、设备及试验这几个环节，另外加上与每个环节关联的基础通用、安全环保、技术管理三方面，以此划分储能标准的界面，具体的分类层次结构如图 9–1 所示。第一层为标准系列层，主要分为基础通用、规划设计、施工及验收、运行与维护、检修、设备及试验、安全环保、技术管理等八类。第二层为储能形式层，包含电化学储能、机械储能、电磁储能等不同的形式。

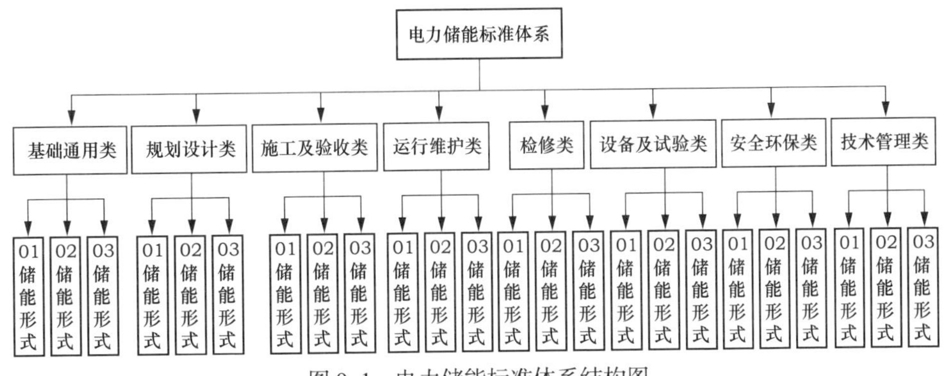


图 9–1 电力储能标准体系结构图

根据标准体系结构图，调研当前行业需求，在现有标准基础上，提出近期和将来拟制订的标准，电力储能标准体系明细表见表 9–4，后续将根据行业发展状态、工程应用需求，对标准编制计划适时修订。

表 9–4　　电力储能标准体系明细表

| 编号 | 标准类别 | 储能类别 | 标准名称 | 标准类型 | 标准号 / 计划号 |
|---|---|---|---|---|---|
| 1 | 基础通用类 | 电化学储能 | 电力储能系统术语 | 国家标准 | 20204672–T–524 |
| 2 | | | 电力储能基本术语 | 行业标准 | 能源 20200098 |
| 3 | | | 电化学电力储能　电气图形及文字符号 | 国家标准 | 待计划 |
| 4 | | | 电化学储能电站标识系统编码导则 | 行业标准 | DL/T 1816—2018 |
| 5 | | | 电化学储能系统溯源编码规范 | 行业标准 | DL/T 2082—2020 |
| 6 | | 物理储能 | 飞轮储能术语 | 行业标准 | 待计划 |
| 7 | | | 飞轮储能电站标识系统编码导则 | 行业标准 | 待计划 |
| 8 | | | 压缩空气储能电站基本术语 | 国家标准 | 待计划 |
| 9 | | | 压缩空气储能电站标识系统编码导则 | 行业标准 | 待计划 |
| 10 | | 电磁储能 | 超导储能术语 | 行业标准 | 待计划 |
| 11 | | | 超导储能电站标识系统编码导则 | 行业标准 | 待计划 |
| 12 | | | 超级电容器储能术语 | 行业标准 | 待计划 |
| 13 | | | 超级电容器储能电站标识系统编码导则 | 行业标准 | 待计划 |
| 14 | 规划设计类 | 电化学储能 | 电化学储能电站设计规范 | 国家标准 | GB/T 51048—2014 |
| 15 | | | 电力系统配置电化学储能电站规划导则 | 国家标准 | 2021 年计划 |
| 16 | | | 电化学储能电站接入电网设计规范 | 行业标准 | DL/T 5810—2020 |
| 17 | | | 分布式储能接入电网设计规范 | 行业标准 | DL/T 5816—2020 |
| 18 | | | 电化学储能电站初步设计内容深度规定 | 行业标准 | 2021 年计划 |
| 19 | | | 电化学储能电站施工图设计内容深度规定 | 行业标准 | 2021 年计划 |

续表

| 编号 | 标准类别 | 储能类别 | 标准名称 | 标准类型 | 标准号 / 计划号 |
|---|---|---|---|---|---|
| 20 | 规划设计类 | 电化学储能 | 电化学储能电站可行性研究报告内容深度规定 | 行业标准 | 2021 年计划 |
| 21 | | | 电化学储能电站防火设计规范 | 行业标准 | 待计划 |
| 22 | | | 电力用氢储能电站设计规范 | 行业标准 | 待计划 |
| 23 | | 物理储能 | 飞轮储能电站设计规范 | 行业标准 | 待计划 |
| 24 | | | 压缩空气储能电站设计规范 | 行业标准 | 待计划 |
| 25 | | 电磁储能 | 超导储能电站设计规范 | 行业标准 | 待计划 |
| 26 | | | 超级电容器储能电站设计规范 | 行业标准 | 待计划 |
| 27 | 施工及验收类 | 电化学储能 | 电化学储能电站施工及验收规范 | 国家标准 | 建标〔2013〕6 号文，序号 32 |
| 28 | | | 电化学储能电站启动验收规程 | 国家标准 | 2021 年计划 |
| 29 | | | 电力用氢储能电站施工及验收规范 | 行业标准 | 待计划 |
| 30 | | 物理储能 | 飞轮储能电站施工及验收规范 | 行业标准 | 待计划 |
| 31 | | | 压缩空气储能电站施工及验收规范 | 行业标准 | 待计划 |
| 32 | | 电磁储能 | 超导储能电站施工及验收规范 | 行业标准 | 待计划 |
| 33 | | | 超级电容器储能电站施工及验收规范 | 行业标准 | 待计划 |
| 34 | 运行维护类 | 电化学储能 | 电化学储能系统接入配电网运行控制规范 | 行业标准 | NB/T 33014—2014（2021年申请修订为国标） |
| 35 | | | 电化学储能系统接入电网运行控制规范 | 国家标准 | 2021 年计划 |
| 36 | | | 电化学储能电站运行维护规程 | 国家标准 | GB/T 40090—2021 |
| 37 | | | 储能电站黑启动技术导则 | 国家标准 | 2021 年计划 |
| 38 | | | 液流电池储能电站运行维护规程 | 行业标准 | 2021 年计划 |
| 39 | | | 电力用氢储能电站运行维护规程 | 行业标准 | 待计划 |
| 40 | | 物理储能 | 飞轮储能电站运行维护规程 | 行业标准 | 待计划 |
| 41 | | | 压缩空气储能电站运行维护规程 | 国家标准 | 待计划 |

续表

| 编号 | 标准类别 | 储能类别 | 标准名称 | 标准类型 | 标准号 / 计划号 |
|---|---|---|---|---|---|
| 42 | 运行维护类 | 电磁储能 | 超导储能电站运行维护规程 | 行业标准 | 待计划 |
| 43 | | | 超级电容器储能电站运行维护规程 | 行业标准 | 待计划 |
| 44 | 检修类 | 电化学储能 | 电化学储能电站检修规程 | 国家标准 | 20203859-T-524 |
| 45 | | | 电化学储能电站检修试验规程 | 国家标准 | 2021 年 |
| 46 | | | 液流电池储能电站检修规程 | 行业标准 | 2021 年 |
| 47 | | | 电力用氢储能电站检修规程 | 行业标准 | 待计划 |
| 48 | | 物理储能 | 飞轮储能电站检修规程 | 行业标准 | 待计划 |
| 49 | | | 压缩空气储能电站检修规程 | 行业标准 | 待计划 |
| 50 | | 电磁储能 | 超导储能电站检修规程 | 行业标准 | 待计划 |
| 51 | | | 超级电容器储能电站检修规程 | 行业标准 | 待计划 |
| 52 | 设备及试验类 | 电化学储能 | 电力系统电化学储能系统通用技术条件 | 国家标准 | GB/T 36558—2018（2021 年计划修订） |
| 53 | | | 电化学储能系统接入电网技术规定 | 国家标准 | GB/T 36547—2018（2021 年计划修订） |
| 54 | | | 电化学储能系统接入电网测试规范 | 国家标准 | GB/T 36548—2018（2021 年计划修订） |
| 55 | | | 电力储能用锂离子电池 | 国家标准 | GB/T 36276—2018（2021 年计划修订） |
| 56 | | | 电力储能用铅炭电池 | 国家标准 | GB/T 36280—2018（2021 年计划修订） |
| 57 | | | 电力储能用电池管理系统 | 国家标准 | 20204673-T-524（修订 GB/T 34131-2017） |
| 58 | | | 电化学储能系统储能变流器技术规范 | 国家标准 | GB/T 34120—2017（2021 年计划修订） |
| 59 | | | 储能变流器检测技术规程 | 国家标准 | GB/T 34133—2017（2021 年计划修订） |
| 60 | | | 分布式储能集中监控系统技术规范 | 国家标准 | 2021 年计划 |
| 61 | | | 用户侧电化学储能系统接入配电网技术规定 | 行业标准 | 能源 20200490（修订 NB/T 33015—2014） |
| 62 | | | 电化学储能电站监控系统技术规范 | 行业标准 | NB/T 42090—2016（2021年申请修订为国标） |
| 63 | | | 预制舱式锂离子电池储能系统技术规范 | 国家标准 | 2021 年计划 |

续表

| 编号 | 标准类别 | 储能类别 | 标准名称 | 标准类型 | 标准号 / 计划号 |
|---|---|---|---|---|---|
| 64 | 设备及试验类 | 电化学储能 | 电化学储能电站监控单元与电池管理系统通信协议 | 行业标准 | DL/T 1989—2019 |
| 65 | | | 电化学储能电池管理通信技术要求 | 国家标准 | 2021 年计划 |
| 66 | | | 电力储能用梯次利用锂离子电池系统技术导则 | 行业标准 | DL/T 2315—2021 |
| 67 | | | 电力储能用锂离子电池退役技术要求 | 国家标准 | 2021 年计划 |
| 68 | | | 电力储能用梯次利用锂离子电池再退役技术条件 | 行业标准 | DL/T 2316—2021 |
| 69 | | | 移动式电化学储能系统技术要求 | 国家标准 | GB/T 36545—2018（2021 年计划修订） |
| 70 | | | 移动式储能电站通用规范 | 国家标准 | 20204056-T-524 |
| 71 | | | 电化学储能电站建模导则 | 国家标准 | 20204670-T-524 |
| 72 | | | 电化学储能电站模型参数测试规程 | 国家标准 | 2021 年计划 |
| 73 | | | 电化学储能系统建模导则（行标将储能电站改名为系统，为设备级） | 行业标准 | 能源 20200099 |
| 74 | | | 电化学储能电站模型参数测试规程（行标降为设备级：电化学储能系统模型参数测试规程） | 行业标准 | 能源 20200100 |
| 75 | | | 参与辅助调频的电厂侧电化学储能系统并网试验规程 | 行业标准 | DL/T 2313—2021 |
| 76 | | | 电化学储能一次调频技术条件及测试规范 | 行业标准 | 2021 年计划 |
| 77 | | | 电厂侧电化学储能辅助调频系统调试导则 | 行业标准 | 2021 年计划 |
| 78 | | | 智能储能电站技术导则 | 国家标准 | 2021 年计划 |
| 79 | | | 电化学储能电站调试规程 | 国家标准 | 2021 年计划 |
| 80 | | 物理储能 | 电力储能用飞轮储能系统 | 国家标准 | 待计划 |
| 81 | | | 电力储能用压缩空气系统技术要求 | 国家标准 | 2021 年计划 |
| 82 | | 电磁储能 | 电力储能用超导储能系统 | 行业标准 | 待计划 |
| 83 | | | 电力储能用超级电容器 | 行业标准 | DL/T 2080—2020 |
| 84 | | | 电力储能用超级电容器试验规程 | 行业标准 | DL/T 2081—2020 |

续表

| 编号 | 标准类别 | 储能类别 | 标准名称 | 标准类型 | 标准号 / 计划号 |
|---|---|---|---|---|---|
| 85 | 安全环保类 | 电化学储能 | 电化学储能电站安全技术导则（电化学储能电站安全规程） | 国家标准 | 20202618-T-524 |
| 86 | | | 电化学储能电站危险源辨识技术导则 | 国家标准 | 2021 年计划 |
| 87 | | | 电化学储能电站应急预案编制导则 | 国家标准 | 2021 年计划 |
| 88 | | | 电化学储能电站应急演练规程 | 国家标准 | 2021 年计划 |
| 89 | | | 电化学储能电站环境影响评价导则 | 国家标准 | 2021 年计划 |
| 90 | | | 电化学储能电站安全规范（强标） | 国家标准 | 2021 年计划 |
| 91 | | | 电化学储能系统锂离子电池系统安全评价规程 | 行业标准 | 待计划 |
| 92 | | | 电力用氢储能电站安全工作规程 | 行业标准 | 待计划 |
| 93 | | 物理储能 | 飞轮储能电站安全工作规程 | 行业标准 | 待计划 |
| 94 | | | 压缩空气储能电站安全工作规程 | 行业标准 | 待计划 |
| 95 | | 电磁储能 | 超导储能电站安全工作规程 | 行业标准 | 待计划 |
| 96 | | | 超级电容器储能电站安全工作规程 | 行业标准 | 待计划 |
| 97 | 技术管理类 | 电化学储能 | 电化学储能电站技术监督导则 | 国家标准 | 2021 年计划 |
| 98 | | | 电化学储能电站运行指标及评价 | 国家标准 | GB/T 36549—2018 |
| 99 | | | 电化学储能电站后评价规范 | 国家标准 | 2021 年计划 |
| 100 | | | 电化学储能电站设备可靠性评价规程 | 行业标准 | DL/T 1815—2018 |
| 101 | | | 电化学储能电站并网性能评价方法 | 国家标准 | 20204671-T-524 |
| 102 | | | 电厂侧储能系统调度运行管理规范 | 行业标准 | DL/T 2314—2021 |
| 103 | | | 用户侧储能并网管理规范 | 国家标准 | 2021 年计划 |
| 104 | | | 参与辅助调频的电厂侧储能系统并网管理规范 | 行业标准 | 能源 20190619 |
| 105 | | | 电化学储能用锂离子电池状态评价导则 | 行业标准 | 能源 20200491（修订 NB/T 42091—2016） |

续表

| 编号 | 标准类别 | 储能类别 | 标准名称 | 标准类型 | 标准号 / 计划号 |
|---|---|---|---|---|---|
| 106 | 技术管理类 | 电化学储能 | 电力储能用锂离子电池监造导则 | 国家标准 | 2021 年计划 |
| 107 | | | 电力用氢储能电站技术监督导则 | 行业标准 | 待计划 |
| 108 | | 物理储能 | 飞轮储能电站技术监督导则 | 行业标准 | 待制订 |
| 109 | | | 压缩空气储能电站技术监督导则 | 行业标准 | 待制订 |
| 110 | | 电磁储能 | 超导储能电站技术监督导则 | 行业标准 | 待制订 |
| 111 | | | 超级电容器储能电站技术监督导则 | 行业标准 | 待制订 |

## 9.3 未来工作建议及展望

### 1. 未来工作建议

标准体系的建立和完善是一项涉及技术研究水平、产业发展与应用需求等多种复杂综合因素在内的系统性工作。面对新形势下储能标准化工作向纵深推进的迫切需求，提出下一步工作建议。

（1）在规划设计方面，在《电化学储能电站设计规范》（GB 51048—2014）中补充完善电化学储能电站的防火设计和储能系统配套的消防措施相关要求。电化学储能电站的火灾事故是近年来国内外电力储能领域展现出的突出问题，亟须通过标准工作来规范、引导电化学储能电站的安全性设计，提升电化学储能电站的安全保障水平。除了对已有标准的修订外，还应加强电化学储能电站安全规程、安全预警、消防系统、需急处理等相关标准的研究制订工作，从安全角度完善我国电力储能标准体系。

（2）在设备及试验检测方面，由于储能设备形态日益丰富、技术水平持续提升，需要持续跟踪储能设备技术发展状态以及在电力储能领域中出现的新应用场景、应用形态，开展安全风险评估论证工作，适时启动相关标准的制修订工作；需加大已制订标准的宣贯、应用、推广力度，强化储能设备的标准检测工作；需加大梯次利用电池储能系统的安全标准编制工作力度，以适应梯次利用电池储能技术的发展和市场需求。

（3）在储能电站施工及验收方面，研究提出多类型储能电站验收过程中设备安全要求；持续跟踪电化学储能系统的消防灭火技术和消防系统研究和工程应用进展，研究提出电化学储能电站的消防验收技术要求。

（4）在储能电站运行维护方面，研究制订对于破损储能电池及泄漏物质的应对、处理办法，以及关于储能电池管理系统、储能变流器、消防系统故障的检测判断方法。另外，需研究液流电池漏液、腐蚀的检测方法以及部件老化的检测要求，制订液流电池储能系统在漏液、腐蚀、部件老化、短路保护功能等方面的检测标准。

（5）在储能设备检修方面，在国家标准《电化学储能电站检修规程》的编制过程中，补充完善对于储能设备安全检修方面的要求，指导和规范储能设备的安全检修工作。

## 2. 展望

目前，我国储能技术快速发展，一方面储能已在源网荷不同环节多个场景实现了广泛的应用，另一方面近年来国内外储能电站发生了多起火灾事故，储能安全问题引起了社会的广泛关注。

我国电力储能标准化工作需要密切跟踪这些新发展、新应用以及热点问题，结合行业发展实际，响应国家储能产业发展指导意见，加快针对反映储能行业重大需求、突出问题的重要关键性标准的立项和编制，适时修订电力储能标准体系，根据需求迫切程度调整优化标准制订的时间表，根据储能行业发展需求引入、实施行业认可的相关国际标准，加大标准英文版与国际标准的制修订工作力度，配套完善国际标准的编译工作，重视国家标准与国际标准的相互结合及等同转化工作。

储能标委会将与我国电力储能行业相关单位携手共进，深入贯彻国家能源战略和产业工作安排，进一步提升电力储能相关国家标准、行业标准、团体标准的建设工作力度，保障我国电力储能安全，规范和引领我国电力储能行业的健康有序发展。